爱因斯坦书系

U0304431

改变世界的方程

牛顿、爱因斯坦和相对论

〔德〕哈拉尔德·弗里奇　著

邢志忠　江向东　黄艳华　译

上海科技教育出版社

　　大多数为一般读者编写的科学书籍都比较注重给读者留下深刻印象，而较少注重清楚地解释基本的目标和方法。一些聪慧而非专业的读者见到这类书时，顿生沮丧之感而自馁："这超过了我的智力，我没法理解。"更有甚者，这些描述往往是耸人听闻的，这就使明智的读者愈加反感。简言之，责任不在读者，而在作者和出版者。我的忠告是：大凡这类书，只有在确定了其内容能够被聪慧而苛刻的一般读者理解和赏识之后，才宜出版。

——阿尔伯特·爱因斯坦

内 容 提 要

　　一个简单的数学方程果真能够改变世界吗？它究竟隐含着如何深邃的物理意义？作者以简明清新、通俗易懂的文笔讲述了狭义相对论的基本思想，其中著名的质能方程 $E = mc^2$ 在人们认识自然界的物质结构和性质之中扮演了核心的角色。原子弹爆炸的巨大能量来源正是基于这个方程所描述的物理原理，因此后者通过前者而改变了整个世界。

　　本书的主要内容是以虚拟的三人讨论的形式来表述的，参与者包括艾萨克•牛顿、阿尔伯特•爱因斯坦和一位虚构的名叫阿德里安•哈勒尔的理论物理学教授。他们代表了物理学发展的三个不同时代。通过三人之间生动活泼的对话，读者可以切身领会相对论的时空观，比如光速不变性原理、时间延缓和空间收缩。而质能关系的出现则加深了我们对物质世界的理解：核裂变、核聚变、粒子与反粒子的产生和湮没等等不可思议的现象都是物质和能量之间相互转化的例证。

作者简介

哈拉尔德·弗里奇(Harald Fritzsch),著名理论物理学家与科普作家。1971年在慕尼黑工业大学获得博士学位。曾经在斯坦福大学、加州理工学院和欧洲核子研究中心工作,1980年受聘成为慕尼黑大学索末菲教授(Sommerfeld Chair),2008年退休。他与盖尔曼合作多年,共同为量子色动力学——描述强相互作用的理论——做出了意义深远的奠基性工作。他在大统一理论、味相互作用理论等许多领域都具有原创性的重要贡献。他的科普畅销书被译成多种文字,其中《夸克》(Quarks)一书的中译本拥有众多读者。在20世纪80年代,他制作的名为"微观世界"的电视系列片在德国常播不衰,影响广泛。

目 录

中文版序言

1905年，年轻的爱因斯坦(Albert Einstein)改变了我们思考空间、时间和物质的方式。他认识到，要理解为什么光速在所有参考系中都相同，唯一的方式就是假设时间并不像牛顿(Isaac Newton)所认为的那样是绝对的，而是相对的。在运动系统中，时间的流逝是不同的。而且，刚体的长度也不是恒定的，而是变化着的，这种现象被称为洛伦兹收缩(Lorentz contraction)。此外，爱因斯坦还认识到，物质和能量在本质上是相同的。根据他的著名方程 $E = mc^2$，质量可以转变为能量。

爱因斯坦并不认为他的方程对描述粒子的相互作用会有用，可是我们已经看到，在适当的时候爱因斯坦的公式甚至还描述了电子及其反粒子(即正电子)湮没成两个光子，或者通过两个光子碰撞而产生一对正负电子。核反应堆中能量的产生也是爱因斯坦方程的直接应用。

在本书中，我以爱因斯坦、牛顿和一位名叫哈勒尔(Adrian Haller)的现代物理学家三人对话的形式描述了爱因斯坦的思想。我之所以选择这种形式是因为，这样可以更好地描述一个人在了解相对论(theory of relativity)的过程中所遇到的困难。在这方面我效仿了伽利略(Galileo Galilei)，他在1632年出版的《关于两大世界体系的对话》(*Dialogue on the Two Chief*

World Systems)一书中采用了类似的形式。

　　我希望中国读者能喜欢牛顿学习相对论的方法,而且也能用这种方法去学习相对论。爱因斯坦的理论对于我们理解这个世界是非常基本的,每个人至少都应该知道它的主要思想。正因为如此,我希望本书在中国能有许多读者。

哈拉尔德·弗里奇
2004年10月于慕尼黑

英文版序言

1921 年 4 月 2 日,荷兰"鹿特丹号"(Rotterdam)海轮载着爱因斯坦驶进了纽约港。爱因斯坦到达美国标志着一种永恒魅力的开始展现,这种魅力不但来自于相对论思想,而且——对于一个科学家来说是前所未有的——来自于这种思想的创造者。然而,在 1921 年尚无人能预见,爱因斯坦有关空间和时间的相对性以及物质和能量的等价性的理论 20 多年后对世界政治会起到间接但举足轻重的作用,影响着工业化国家的所有成员的个人生活。事实证明,爱因斯坦的洞察力,与核物理学、粒子物理学和天体物理学中的最新发现一起,导致了关于我们这个始于大约 150 亿年前的一次剧烈爆炸[即大爆炸(Big Bang)]的物质世界的全新观念。

对于任何一个试图理解现代宇宙学的人来讲,爱因斯坦思想的某些知识乃是基本的背景。而我这本介绍这些知识的书,如同它此前为德文读者和意大利文读者所缮一样,现在得以为英文读者所缮。为此,我衷心感谢芝加哥大学出版社的佩内洛普·凯泽林(Penelope Kaiserlian)使这个版本得以出版,感谢卡琳·霍伊斯(Karin Heusch)做了认真细致的翻译,以及克莱门斯·A·霍伊斯(Clemens A. Heusch)在专业术语上的把关。但愿本书有助于广大读者了解一些现代科学的奇迹。这种广博知识不仅是进一步促进科学探索的关键所在,也是爱因斯坦的一份宝贵遗赠。

1994年4月于日内瓦欧洲核子研究中心

引　言

　　爱因斯坦每天都向我讲解他的理论；到我们抵达之时，我最终为他对该理论的理解而折服。[1]

——魏茨曼(Chaim Weizmann)，

对1921年与爱因斯坦横渡大西洋一事的陈述

　　本书的书名非同寻常，它涉及一个数学方程：

$$E = mc^2.$$

这个方程描述了物质客体的能量E与质量m之间的联系，这两个量由大约300 000千米每秒的光速c联系起来。爱因斯坦于1905年写下的这个著名方程，并不仅仅是那些支撑现代物理学的数学公式之一，而且是我们时代的真正象征。至少对参与第一次原子弹试验的科学家和技术专家们来说，当他们的核装置于1945年7月16日早晨6时许在新墨西哥沙漠起爆时，这一点就清楚了。对世界上其余人而言，几十天之后的1945年8月6日，当广岛的10万人沦为原子弹爆炸的牺牲品之时，这一点也就变得明确了。

　　从那时起，能量和质量之间的关系的后果就以原子弹和氢弹的形式直接或者间接地左右着世界政治。仅仅是由于我们这颗行星上的所有生命也许都会毁于这些炸弹的这种可能性，使得我们拥有了从1945年至今这么一段长期没有发生过全球性战争的岁月。拥有核武器的国家代之以相互监督,保持一种非稳定的平衡。

要想判断这种均衡能够维持多久,以及这种潜在的全球毁灭的威胁是否会最终迫使全世界裁军,还为时过早。一个没有战争,亦即没有原子战争的世界也许最终成为可能。这乃是历史的嘲讽。因为我们已经认识到,另外一种选择不会像我们所知的这个世界这样把战争当作国际政治的一种合法手段,**而是根本不存在什么世界**。

20世纪的开端是以世界性的政治变革为标志的,这场变革导致了19世纪后期表面上井然有序的资产阶级世界的破坏。这些变革包括一场有组织的革命运动在俄罗斯兴起,美利坚合众国经济和政治地位的提高,以及欧洲潜在的大规模对抗的出现最终导致了第一次世界大战的爆发。有趣的是,科学上一场革命性的反思也始发于大致相同的时间。这是由一位相当保守的德国物理学家普朗克(Max Planck)和伯尔尼瑞士专利局的一位名叫爱因斯坦的年轻雇员引起的,前者奠定了量子理论的基础,从而有了现代原子物理学。

接近19世纪末期,自然科学由经典物理学主宰,其巅峰即是牛顿的力学定律。这些定律曾被看作普遍地适用于我们的整个宇宙,它们支配着恒星、行星和原子的运动。牛顿力学的基础是质量的稳定性和永恒性。按照牛顿学说,空间和时间都是确定的绝对结构。

爱因斯坦的相对论,或者严格些说狭义相对论(special theory of relativity),具有一些令人惊奇的结果。[他的广义相对论(general theory of relativity),大约于1915年提出,主要是处理引力问题,不在此书讨论。]无论是空间还是时间,都不是普遍适用的概念,两者都取决于观察者的物理状况。而且,质量概念不再具有普遍意义:质量能够转变为能量,反之亦然。

那种转变是由爱因斯坦方程 $E = mc^2$ 来描述的。这个方程表示的是,每一个物质单元都存在着相应的巨大能量,量值是由其相应的质量乘以光速 c

的平方得到的。

可以用下面的例子来表明这种能量是何等巨大：一辆以 180 千米每小时(也就是 50 米每秒)的速度行驶的小轿车,它所具有的动能是 $\frac{1}{2}$ 乘以质量 m 再乘以速度 v 的平方,即 $\frac{1}{2}mv^2$。而按照爱因斯坦的公式 $E = mc^2$,小轿车的质量所对应的能量要比它的动能大一个 $2 \times (c/v)^2 \approx 7.2 \times 10^{13}$ 的因子,即这个因子几近百万亿(10^{14})。

当然,这种能量实际上不能取而用之,这是由于制成小轿车的材料是稳定的,它们不能转变成诸如辐射能这样的其他形式的能量。只有借助原子核物理学技术,这种转变才是可能的,即便如此,也只能部分地实现。

爱因斯坦的方程不仅描述了物质转化为能量的过程,而且描述了其逆过程,即能量变成物质的过程。例如,通过光的粒子或者说光子的碰撞,就可能产生物质的粒子。这种可能性使得物理学家和天体物理学家可以去推测在宇宙演化的开端,亦即所谓大爆炸时物质的产生。

有一种错误的看法,即认为相对论深奥得只有专家才能懂。考虑该理论的细节时,此言不虚,的确难懂。然而,其基本思想还是相当简单易懂的,感兴趣的门外汉要想了解它们都应该没有困难。专家们试图向感兴趣的非物理学家读者解释时所遇到的问题都是概念性的。

早在童年时代,我们所有人就对我们周围的空间及其显然是有规律且普遍的时间流有所感觉。相对论的一些推论经常被描述成似乎是与这种感觉相冲突的东西。我们得到一种假象,认为相对论涉及的是空间和时间概念的彻底革命。而实际上,相对论只是对这些概念的修改和扩充,它适用于我们日常生活中很少出现的情况,特别是适用于物质以接近光速的惊人速度运动时的情况。

相比之下,我们在日常生活里所涉及的速度都是非常小的。因此,我们对空间和时间的直观理解与极端速度情况下相对论所预期的一些奇异效应不相符。为了理解这些效应,我们不仅应该认识新事物,而且应该放弃一些熟悉的思想，或者弄清它们的局限性。这才是真正的困难之所在。

放弃老思想，有时是有几百年历史的思想，是个费力的过程。往往，只有付出巨大的努力才能完成这一过程。自然科学中的重大发现的奥秘，更多的是在于对老思想的不足的认识，而较少在于新思想的产生。

进入20世纪不久，当爱因斯坦发现能量和质量之间的关系之时，他是从方程 $E = mc^2$ 不过是评价物理过程中能量和质量的等价性的一个有用的方程这一思想着手的。在那个时期已经被仔细研究过了的物理过程中，不存在切实可行且直接把质量转变成能量的方法，比如说把质量转变成电磁辐射。对某一特定质量，至多也只有微小的一部分质量能转变成其他形式的能量。

当时爱因斯坦本人也不相信，真有可能把大量物质直接转变成能量。不过，他错了。他不会知道，在他推导出他的方程仅仅几年之后，一种新的作用力就被发现了——原子核内部的强力（strong force）。借助这种强力，原子核的比较大的一部分质量能直接转变成能量，或是转变成粒子的动能，或是反应中发出的光子的电磁能。这就是投在广岛的原子弹爆炸时所发生的情况。

1945年8月6日，原子弹爆炸时1克质量瞬间转变成能量，大约相当于12 400吨常规炸药TNT爆炸时的总能量。（原子弹本身是一个复杂的技术装置，比常规炸弹重得多，约为4吨。）它足以毁掉一座30万人口的城市的大部分。

原子弹或者核反应堆中的能量是通过把质量转化为能量而产生的。之所以能够转化只是因为，在众所周知的引力和电磁力之外，还存在着一种自然力，即在原子核内部的粒子之间的强相互作用（strong interaction）。[也还存在另一种力，被称为弱核力（weak nuclear force），体现在原子核的放射性衰变中；但在此处与我们没什么关系。]这种强相互作用的实质特征是：参与强相互作用过程的客体（粒子、原子核），其质量频繁地发生改变。

在宇宙演化的早期，缘于强相互作用的反应普遍而平凡。因此，或许能用强相互作用过程来解释轻原子核的合成。大爆炸可能发生在大约150亿（15×10^9）年前，而轻核的合成期是在此后不久。像铁核这样的重核，是在恒星内部发生核反应过程时合成的。使我们的日常生活受益的太阳的辐射能量，同样来自太阳内部的强相互作用过程。

涉及强相互作用的过程在地球上不再出现。地球上的绝大多数动力学过程都是由引力或者电磁相互作用来支配的。在这些过程中，相关的粒子质量不会改变。

像普通的燃烧或者手榴弹的爆炸这样的化学过程，终归是电磁过程，因为原子是靠电性吸力结合在一起的。这就是为什么长期没能认识到质量和能量是可以互相转换的原因所在。在19世纪，物理学家和化学家讲述了自然科学中两个不同的守恒定律，即能量守恒和质量守恒。

在19世纪所发现的许多现象，比如那些涉及电磁学或者原子的过程，只有在空间和时间不分开考虑的情况下才能被理解，这种认识直到20世纪初期才变得清楚起来。必须把空间和时间连带起来对待，我们用术语"时空"（space-time）来表示它。从数学上把空间和时间的这种联合公式化，就是爱因斯坦的相对论所做的。这种联合的一个重要结果乃是质量和能量的可转换性。

经典力学，我们也可以称之为牛顿物理学，其中的质量和能量是作为两个独立概念而存在的。按照牛顿力学，炮弹在静止时的能量为零；而在爱因斯坦的理论中，其能量非常之大。尽管如此，我们不应该说牛顿理论已被相对论所取代。在速度没有高到可与光速相比的情况下，牛顿理论仍然是正确的，我们已提到过，光速是大约300 000千米每秒。我们日常生活中所观察到的现象大多是发生在速度颇为有限的情况下的。因此，牛顿物理学在我们日常经验方面具有直接的意义：任何一个开小轿车的司机都具有一种通晓这些规律的直觉。在危急时刻，若没有这种直觉就没有一个司机能够幸存。

在涉及原子核因强相互作用而有所改变的过程中，相关粒子的速度通常可与光速相比,常常超过100 000千米每秒。因此,要想理解这些过程就必须涉及相对论及其空间和时间的统一、质量和能量的统一这样的概念。

然而,相对论的重要性并非局限于我们对原子弹或者核反应堆的工作原理的理解。近来,它的效应在科学和技术的诸多领域已经变得越来越重要,既关系到电子设备,还关系到粒子加速器和医学仪器。如今,相对论的基本知识应该恰如物质的原子结构一样成为常识的一部分。

已经有了许多本为非物理学家所撰写的论述相对论的书籍,有一本就是爱因斯坦本人写的(见"推荐读物")。我自己眼下的这本与所有其他人的在如下两个方面有所差异。

首先,我试图阐述狭义相对论关于物质结构的现代观念的影响深远的结果,其中质量与能量的关联起了一个核心的作用。对物质世界和质量与能量的等价性的这种强调,从本书的书名已经显示出来。任何一个为普通大众撰写科学著作的人,都必须仔细地斟酌讲什么,尤其是不讲什么。我有意省略了关于宇宙学和大爆炸的详细讨论。本书是关于爱因斯坦质能方程(mass-energy equation)诸多方面的一个新颖的概述,其主旨犹如一条红线贯穿于现代物理学,据此能追溯到宇宙的开端(即物质的原始爆发)。

本书的大部分内容是以虚构的讨论形式来写的,参与者有牛顿和爱因斯坦,第三个是个虚构的人物,叫哈勒尔,是伯尔尼大学的理论物理学教授。他们的对话纯属虚构,因为所涉及的参与者显然从未谋面。本书中的"牛顿"和"爱因斯坦"这些角色以及他们的行为和言论都不会与历史人物完全一样。我所描述的,只不过是假定我们若让牛顿和爱因斯坦对现代物理学的见解和观念表示他们的看法时,我们或许能看到的他们可能的行为或者能听到的他们可能的阐述。

狭义相对论的基本原理大约到1909年已经建立起来了。那一年标志着爱因斯坦作为一位物理学家开始出名了,并使他得以拿到第一个教授职位。在本书中当爱因斯坦在与牛顿的讨论中出现之时,他应该被当作30岁的人,实际上1909年时他确实是那个年纪。在那个时候,他对狭义相对论相当满意,但却未意识到它对核物理学、粒子物理学、宇宙学和许多其他领域将具有的重要性。

牛顿在这里被描写成他的宏篇巨著《原理》(*Principia*)完成之后的样子。那时他40岁出头,处于他最具创造力的时期。

我之所以选择对话的形式,是因为这种形式可以让一些形成鲜明对照的想法能有效地表现出来。描述相对论原理的困难在于描述概念本质。因此,对于经典物理学和相对论二者之间的一些微妙的概念差异,需要经常提醒读者。

没有偏见的读者可能最初与牛顿的举措一致。他们可能像牛顿一样,起初对采纳爱因斯坦和哈勒尔的结论犹豫不决,再逐渐变为信服相对论,如同本书中牛顿的所为。

以这种对话的形式大获成功的是1632年问世的伽利略著的《关于两大世界体系的对话》,它促使欧洲普遍接受了哥白尼(Copernicus)的世界观。与伽利略不一样,我是在一个连续的故事框架内采用非正式的对话形式。

头两章写的是空间、时间和物质(matter)等物理学概念,所依据的是牛顿的阐述。由于这些概念与我们所有人在童年就形成的直觉意识密切相关,因而读者接受起来不会有困难。我颇为详细地描述了牛顿关于绝对空间和绝对时间的抽象观念,经典物理学的这些概念在相对论里进行了根本的修正。

对话从第三章开始,持续贯穿于本书的绝大部分章节。以哈勒尔和牛顿在剑桥的讨论为开始,当时他们正讨论的是对牛顿的空间和时间观念进行修正的必要性。这些考虑的出发点是关于光的本性的一些新思想,这些新思想将在第四章里描述。牛顿想与相对论的创立者爱因斯坦交流思想的愿望在第五章得到了满足,那时哈勒尔和牛顿来到了伯尔尼。

牛顿为爱因斯坦关于光速不变的论断(第六章)所震惊。一步步地,牛顿被引到年轻的爱因斯坦的思路上,爱因斯坦和哈勒尔的作用如同他的导游,将他引进相对论世界。

走向相对论的第一步安排在第九章:牛顿遇到了极高速时的时间延缓(time dilation)现象。接下来的一章描述了这种现象的实验证据。在第十章,牛顿通过对快μ子的观察而接受了时间延缓的实验证明,也接受了双生子的如下可能性:双生子中的一个启程去太空航行,衰老的情况与另一个的不一样(第十一章)。

牛顿最终接受了如爱因斯坦所发现的高速运动物体的明显收缩(第十二章)以及空间与时间之间的令人惊讶的对称性(第十三章)这两种思想。在第十四章,牛顿了解了相对论中的新质量方程。如同空间和时间,质量和能量现在被密切地联系起来了。

牛顿亲自介绍了这个著名的方程 $E = mc^2$。从这一点开始,哈勒尔成了讨论中的领头人。余下对话是在日内瓦欧洲核子研究中心(CERN)进行的,该中心所研究的课题,无论是爱因斯坦还是牛顿,都没有直接知识。

第十六章处理的是核聚变和核裂变。1945年7月16日在新墨西哥沙漠爆炸的第一颗原子弹以及此前在洛斯阿拉莫斯所做的准备工作,成为下一章的主题。作为受控能量产生的方法,裂变和聚变都在第十八章讨论到了。

第十九章集中讨论了给人印象最为深刻的从质量到能量的嬗变——物质一接触反物质就完全变成了辐射。这又引出了基本粒子物理学(第二十章)以及宇宙中所有物质的起源和终极湮没的宇宙学问题(第二十一章)。我写此书的主要目的是要告诉大众,爱因斯坦的质能方程对于我们理解物质世界有着非同寻常的重要性。无论是现在还是将来,在广泛讨论开发核能的时代,即使是没有科学专长的感兴趣的读者,都应该能够明了相对论对于他们自身的重要意义。

许多人将爱因斯坦的方程视为一个由物理学家发明的不可思议的代码,而不是将它看做深邃的自然真谛。我希望在不久的将来,相对论思想能脱掉那些不可思议的、神秘的和难以理解的外罩而变成我们的公共教育的一部分。我还希望本书能对这一目标的实现有所贡献。

一部分草稿是我在 CERN 的理论部作客时写的。我非常感谢该部门的成员们对我的款待。我还要感谢帕萨迪纳加州理工学院已故的费恩曼（Richard P. Feynman），就本书的形式和书名，我曾与他进行过有益的讨论。我也感谢新墨西哥州洛斯阿拉莫斯科学实验室理论组对我的一次夏季访问的款待，那次小住使我萌发了写作本书的念头。

1992 年 10 月于慕尼黑

第一章　牛顿与真理之海

正值伯尔尼大学开始放假的7月下旬,哈勒尔教授飞往加利福尼亚大学圣巴巴拉分校去参加一个会议。他提前离开伯尔尼是想途中在伦敦拜访几个朋友。在到达伦敦的当天,他抽空瞻仰了威斯敏斯特教堂里牛顿的陵墓。伫立在纪念碑前,哈勒尔阅读了这样的墓志铭:

人们应该感谢那些生活在他们之中并为全人类增光的人。*

这句话表达了牛顿的英国同胞对他保持至今的崇敬和赞美。牛顿1642年12月24日诞生于林肯郡的伍尔斯索普——这年(按照儒略历)是他伟大的意大利同行伽利略逝世的一年。牛顿1727年3月20日逝世于伦敦。

牛顿思想对于我们世界观的发展的意义是难以估量的。不论是在牛顿之前还是在牛顿之后,没有一位自然科学家在决定自然科学和技术的发展方向这方面做得如此之多,也许爱因斯坦是个例外。甚至诗人们也对牛顿思想的清晰和敏锐有着深刻的印象,谨以蒲柏(Alexander Pope)的著名诗句为证:

---

* 墓刻为拉丁语 *Sibi gratulentur morlales tale tantumque existisse humani generis decus*。——译者

10

自然和自然律全被黑夜掩藏，

上帝说：让牛顿降临吧！

于是一切都有了光亮。

　　既然打算在英国度周末，哈勒尔就决定去参观牛顿工作过的地方，剑桥的三一学院，它位于伦敦东北大约50英里(约80千米)处。在一个明媚的夏日星期天，他来到了剑桥。步行不长的一段路穿过这座小城后，他就到达了三一学院。他很快就发现，在主门左边一座小小的朴素建筑就是牛顿曾经长期生活和工作过的地方。

　　那个星期天早上，三一学院的大四方院里空无一人。哈勒尔独自坐在四方院中央的喷泉台阶上，沐浴着阳光并享受着宁静。没有一个人打扰他。他只看见一个中年男子，也许是科学家抑或是学院的教员，悠闲地穿过大门走进牛顿的故居。

　　哈勒尔力图想象在牛顿时代这里的事物是怎样一番景象。它也许与现在没有多大差别。几个世纪以来，三一学院不曾有多大改变。牛顿是1661年考上剑桥并入学三一学院的。他的主要兴趣是数学、天文学、化学和(不应忘掉的)神学研究。作为一个学生，牛顿给当时任卢卡斯数学教授[以卢卡斯(Henry Lucas)的名字命名，他给这个席位捐赠了基金]的巴罗(Issac Barrow)留下了深刻的

图1.1　46岁时的牛顿，内勒(Godfrey Knelleer)画的半身像，是这位伟大物理学家的最早的画像。[承蒙朴次茅斯勋爵(Lord Portsmouth)和朴次茅斯遗产管理处惠允。]

11

图1.2　当时身为三一学院教授的牛顿,住在紧连着附属教堂的学院主门的一座小楼里。他的房间在紧挨着大门的二楼。

印象。巴罗的学识并不局限于自然科学和数学,他也对语言学和宗教问题保持浓厚兴趣。他曾经是一位传道士,也曾是一位具备拉丁语、希伯来语和阿拉伯语等必备知识的希腊语教授。他也教过光学和数学。

　　毋庸置疑,巴罗对他的年轻学生牛顿的发展影响巨大。通过巴罗,牛顿不仅渐而通晓那个时代的科学思想,而且他晚年对宗教产生非同寻常的浓厚兴趣也在很大程度上归因于巴罗的引导。特别值得一提的是,巴罗让牛顿了解了斯宾诺莎(Spinoza)和霍布斯(Hobbes)的思想。

　　23岁那年,牛顿获得了哲学学士学位。他本想留在剑桥研究数学,但因故不得不推迟这个计划。1665年,英国遭到了腺鼠疫的侵袭。当局为了减少这种传染病传播的危险而关闭了所有的大学。牛顿回到了伍尔斯索普他母亲的家,后来事实证明这段时日却成了牛顿最多产的时期。在一年半的时间里,他不仅发展了微分学和积分学的基本思想,还发展了经典力学的基本思想。他系统地阐述了万有引力定律——有质量物体间的普遍吸引——

直到250年后，爱因斯坦对这个定律从根本上加以崭新的诠释，它一直是物理学的支柱之一。

牛顿在伍尔斯索普住留期间所萌生的丰富思想，只能归结为他那异常集中的注意力。塞格雷（Emilio Segrè）是这样评价牛顿的："他那特有的天赋乃是这样一种才能，即在他的脑海中总是不停地抓住一个纯粹的智力问题，直到他看透它为止。我想，他的杰出就在于他那与生俱来最强大的、最持久的直觉的力量。任何一个尝试过纯科学或哲学思辨的人都知道，如何才能在你的脑海里瞬时抓住一个问题并运用你的全部注意力去洞察它，而它却如何会在你的关注范围内消失或逃逸，让你觉得脑海一片空白。我相信，牛顿能够在他的脑海里抓住一个问题几小时、几天、几星期不放，直到弄清楚它的秘密。"[2]

在自然科学史中，在如此短暂的时间里产生如此丰富思想的其他范例只有一例。此例发生在1904—1905年，当时爱因斯坦提出了空间和时间的相对性的基本思想，此乃牛顿思想的重要延续。爱因斯坦也成了现代量子理论的奠基者之一。

回到剑桥之后，牛顿给巴罗的印象竟如此深刻，以至于这位教授在征得牛顿允许后决定把牛顿的一些研究结果提交给皇家学会的会员们。该学会于1660年在伦敦创立。于是，牛顿的名字第一次在剑桥之外为人所知。当巴罗1669年从卢卡斯数学教授席位上退休时，他必定发挥了影响力，27岁的牛顿被选作他的继承人。

牛顿的第一次演讲论述的是光学研究。除了理论研究之外，他利用他在三一学院的房间用各种仪器做实验，这些仪器大多是他自制的。尽管牛顿当今的声望是来自一些物理学理论的创立，但他也是位出色的实验家和能工巧匠。现存的有关这点的明证之一就是他的反射望远镜，它被保存在皇家学会的收藏室里，其镜片就是牛顿亲手打磨的。

牛顿的第一篇科学著作发表于1672年皇家学会的《自然科学会报》（*Philosophical Transactions of the Royal Society*），论述的是光学，特别是光的衍射(diffraction)与光谱颜色二者之间的关系,这种关系是牛顿自己发现的。这个发现后来表明对澄清光的物理本性至关重要。

200余年后,牛顿的这个发现再次反映到光的本性上,引发了一场物理学观念的革命。这场革命是由爱因斯坦发动的。爱因斯坦在牛顿著的《光学》(*Opticks*)新版序言中阐述了他对牛顿的研究的看法:"幸运的牛顿,幸运的早期科学! 只要有时间和雅兴阅读这部著作的人,都能重温伟大的牛顿在他早年的一些奇妙的经历。对他而言,大自然就是一本打开的书,他能毫不费力地看懂每一个字母。他所运用的给所观察的现象带来秩序的一些概念均直接来自于经验,它们像玩偶般一个接着一个从他所设计的精致的实验中涌现出来,并被他描绘得淋漓尽致。他系实验家、理论家、机械工于一身,最后但并非最不重要的一点是,他还是个喜欢作秀的人物。他强大、自信、孤傲地屹立在我们面前;哪怕是最琐碎的细节,每个词语和每个数字都显示了他的创造性和精确性。"

牛顿只是在很勉强的情况下才发表他的研究结果,他通常要拖到隐隐出现与其他科学家发生有关优先权冲突的危险时刻。足以使天文学家哈雷(Edmund Halley, 1656—1742)脸上有光的是,他说服了牛顿把自己的思想和成果公开发表在一本重要的专著中。1687年,牛顿的巨著《自然哲学的数学原理》(*Philosophiae Naturalis Principia Mathematica*)问世了。

这本书通常简称为《原理》,是自然科学的奠基石之一。它奠定了力学的基础并因此促进了技术的发展。牛顿在他的序言中阐述了他探讨自然现象的方法:"从运动现象来研究自然力,而后从这些力去论证其他现象。"自《原理》问世300年以来,我们已经见证了牛顿研究方法的罕见的成功。

这部《原理》由3卷组成,以牛顿力学的基本概念的著名定义为先导,后面我将详细讨论它们。

第I卷是关于各种各样的力学问题,尤其集中讨论了在有心力的作用下刚体的运动。所谓有心力,就是力的作用方向朝着一个中心点,比如源自太阳的吸引力,它决定了行星的运动。

第Ⅱ卷论述的是应用物理学。除了其他问题,牛顿还研究了在诸如空气和水这样的介质中刚体的运动。例如,当一个刚体穿过这类介质时会遇到什么样的阻力呢?在这方面,牛顿建立了一个新的数学分支,即变分法。它对物理学的重要性直到一个世纪之后才为人所知。第Ⅱ卷结尾包含了对波动理论的讨论,牛顿把讨论局限于声波和机械波在水中的传播。

名为"世界体系"(The Systems of the World)的第Ⅲ卷包含了许多天文现象。牛顿以他的重力吸引理论为基础,解释了处于太阳引力场中的行星的运动——这一科学的精心杰作为牛顿赢得了普遍的声誉。

在《原理》的结尾,牛顿是这样谈及他的引力理论的:

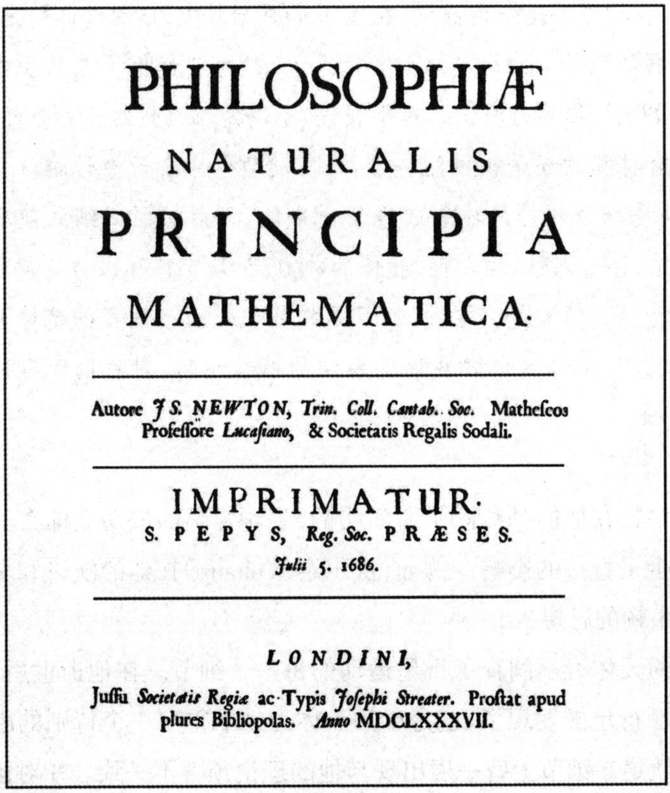

PHILOSOPHIÆ
NATURALIS
PRINCIPIA
MATHEMATICA.

Autore *JS. NEWTON*, *Trin. Coll. Cantab.* *Soc.* Mathefeos
Profeſſore *Lucaſiano*, & Societatis Regalis Sodali.

IMPRIMATUR.
S. PEPYS, *Reg. Soc.* PRÆSES.
Julii 5. 1686.

LONDINI,

Juſſu *Societatis Regiæ* ac Typis *Joſephi Streater.* Proſtat apud
plures Bibliopolas. *Anno* MDCLXXXVII.

图 1.3　1687年出版的牛顿的最重要的著作《原理》的封面。
加利福尼亚大学伯克利分校班克罗夫特(Bancroft)图书馆藏。

到目前为止,我们借助于引力的作用已经解释了天空和我们的海洋中的一些现象,但还无法确定这种作用的起因。可以肯定的是,引力作用必定能直达太阳和行星的核心而丝毫不会减弱,它并不依赖于被作用质点的表面积(机械作用通常会如此),而是随物体所含物质的多少而变化。引力作用也能在各个方向上传到无穷远处,并且总是按反比于距离的平方而减小。太阳的吸引力是由组成太阳这个物体的若干质点的引力组合而成的,其强度精确地反比于距离的平方,离太阳越远就越小……但直到现在,我还不能从这些现象中找到引力的这些性质的起因,也构造不出任何假说[在拉丁语原始版中,出现于此的是"假说不等于事实"(*Hypotheses non fingo*)的名言];不能从现象演绎出来的学说就称其为假说。对于假说,不论是超自然的还是自然的,不论它具有神秘的还是机械的特性,在实验哲学中都没有地位。在实验哲学中,特殊命题是从现象中推断出来的,而后按照归纳法使之一般化。于是,不可入性、运动性、物体的冲力、运动定律和引力定律都被一一发现。引力确实是存在的,而且是按照我们业已阐释的定律起作用的,能充分地解释天体和我们的海洋的所有运动,对我们而言这就够了。[3]

正如牛顿在他的《原理》中所阐明的,牛顿力学的成功立即在英国和欧洲大陆产生了直接的影响。例如,伏尔泰(Voltaire)在他的演讲和著作中就多次提到牛顿的思想。

牛顿的天体力学阐释了行星运动的每一个细节。在他逝世后百余年,天王星这颗行星被发现了,这是牛顿天体力学取得的一个特别的胜利。这颗行星的轨道在细节上曾一度出现与他的理论预言不一致。在对该轨道做精确测量时所发现的微小反常,似乎与牛顿的万有引力理论不相容。1846年,勒威耶(Urbain J. J. Le Verrier)和亚当斯(John Couch Adams)各自独立地提出了一种可能的解释,与牛顿的理论不矛盾。这是假定存在着一颗比天王星还要远的行星,这个新天体的引力作用就能够解释天王星的轨道反常。勒威耶和亚当斯能够定出这颗新行星的准确位置,他们猜想它是以45亿千米的半径围绕太阳旋转。就在同一年,这颗新行星被德国天文学家加勒(Johann Gottfried Galle)首次观测到,并被命名为海王星。这是牛顿理论能够解释行星运动的最微小细节的又一个实证。

图1.4 印有艾萨克·牛顿爵士肖像的1英镑旧英币,他可能是这家造币厂最有声望的总监。票面上他与他所改进的望远镜、他首次用来做光谱分析的棱镜、环绕太阳的行星椭圆轨道的图像被画在了一起。票面上也印有苹果树的枝杈。据轶事传闻,他是看到苹果从树上往下掉时才萌生万有引力的思想。

也许是牛顿的力学理论太成功的缘故,其基础很长时间都没有受到严格的检验。毋庸置疑,牛顿本人对他的理论中的一些基本要素,尤其是对空间和时间的思想,一直持批评态度。然而,由于他在阐述中总是小心谨慎,也由于他在著述中坚持"假说不等于事实"的座右铭,即便他不真的这样想,也不曾留下任何质疑自己理论的痕迹。

不是所有的物理现象都能用牛顿的力学理论来解释,这一点在19世纪已变得清楚了。某些电磁现象简直不能与之相符合。在19世纪末,原子物理学这门新生的科学就无法用力学模型来解释,比如微粒和气态物质的某些稀奇古怪的性质就难以理解。

在《原理》出版后大约220年,牛顿的世界观的根基最终动摇了。1905

年,伯尔尼专利局一名26岁的雇员爱因斯坦发表了他的关于空间和时间的内部结构的新思想。这些新思想等于是对力学基础的一场革命性改造。尽管牛顿物理学被证明不是错的,而且在很多情况下接近实在(reality),但它现在仅仅被看作爱因斯坦力学的一级近似。

在牛顿的《原理》一书的初版出版之后,他的名字传遍了欧洲,他很快被誉为健在的最伟大的科学家。1696年,英格兰国王任命他为皇家造币厂的总监,那是一个非常重要的部门。(牛顿要负责英格兰货币体系的改革。)后来他升任该厂的主管。在那个职位上,他被冠以艾萨克·牛顿爵士而出现在1英镑纸币上——因他对造币厂的贡献,1705年被安妮女王(Queen Anne)封为爵士。

在牛顿一生的最后24年里,他一直是皇家学会的会长。这个学会是英国最古老的科学协会,1645年非正式成立,著名哲学家和自然科学家每周举行例行的聚会。1660年,国王查理二世(King Charles Ⅱ)正式承认了它。牛顿用强硬的手腕控制着这个学会,进而左右着英国所有的科学生活。没有牛顿的认可,谁也不能成为新会员。

第二章　牛顿和绝对空间

关于爱因斯坦思想(空间和时间的相对性)的任何讨论,都应该从牛顿观念的清晰图景开始。因此,在让牛顿和爱因斯坦有机会亲自陈述他们的见解之前,我们应该做一番回顾。

牛顿在他的《原理》中引进的第一个概念乃是刚体或者质点(particle)的概念。他用密度和体积的乘积来解释它的质量。只要密度还没有定义好,这样定义质量就显得同义反复了;它被很多吹毛求疵的人当作伪定义而抛弃了。这种责难并非没有道理,但它未能认识到牛顿有关物质结构的思想是始于原子(atom)的概念。

在牛顿的见解里,物质是由非常小的粒子或者原子组成的。物质的密度不过是对单位体积中物质粒子的数目的一种度量。这个概念实质上在19世纪就被原子论(atomic theory)的发展证实了。

牛顿显然花了很长时间来考虑应该如何定义质量。今天类似的思考看来仍然很有道理:尽管在过去的3个多世纪里我们已经增长了许多见识,包括量子力学和粒子物理学,但质量和物质究竟意味着什么仍不清楚。

牛顿第一个认识到物体的质量和速度之积的重要性,我们称这个乘积为物体的动量。在物体不受外力的情况下,这个量不会改变,即始终为一个常量。因为在这种情况下,物体的质量通常没有改变,它的速度也没有改变。牛顿在他的《原理》中阐述道,所有刚体在不受外力作用时都保持静止或者匀速直线运动的状态。在我们生活的时代,我们见到的运动速度相对比较快,那种阐述看来十分好理解。而在牛顿生活的时代却并非如此。很长时期以来人们相信的是,所有运动都直接与力相关。

像我们亲眼目睹的一样,我们周围的世界呈现出它的多面性。我们看到了诸如秋天树叶凋零和城市上空鸟儿飞翔等大量形形色色的事情。所有这些现象都有着一个共同点:它们都是由许多不同的过程同时起作用所导致的。树叶从树上飘落是因为微风拂动它们。它们之所以缓慢飘落而不像苹果那样从枝杈上快速掉下,是因为空气阻碍了它们的运动。在苹果下落时虽然也存在空气阻力,但对其影响较小。

我们在自然界所观察到的这些不同运动过程的原因是什么呢?运动本身是什么呢?我们会直觉地认为运动起源于某种力。举个小轿车的例子,让它初始时静止。为了让它运动,我们就必须施加力,比如说从后面推它。要让它保持运动,我们就得一直推下去,或者是启动发动机来代替我们的工作。我们有这样一种印象,即运动是一种不断需要力的作用或者能量的状态。这个原理是在2000年前由亚里士多德(Aristotle)提出的,当时他说,每一个运动着的物体,当使之运动的力停止作用后,它就会静止。

亚里士多德的原理当然是有道理的,我们经常看到运动停止的情形。不过,他的原理有一个重大的缺陷——它很难适用于他所赋予它的这种普遍形式。当然,亚里士多德考虑的是地球上物体的运动,每一个物体与其周围的事物均保持恒定的联系。他的原理完全不能涉及太空中天体的运动。一艘远离恒星或者行星运动的宇宙飞船,不需要力来维持它的运动。它将永不停歇,持续无限期地运动。

伽利略是第一个指出亚里士多德的原理需要被取代的人。伽利略通过许多实验手段发现,一个物体在不受外力作用的情况下便沿直线匀速地保持它的运动。

正如我们所知,速度绝不是对所施加的力的一种量度。若是这样的话,一辆以100千米每小时在快车道上直线行驶的小轿车,关掉发动机后,如果没有外力作用,它就应该保持这种运动状态。实际上,这样的事不会发生。由于车轮与路面的摩擦力和空气阻力所导致的能量的持续损失,小轿车在几分钟后就会停下来。从这个意义上讲,小轿车遵循亚里士多德的原理。因此我们不能说,亚里士多德的原理与伽利略的原理相矛盾,并且事实上是错的。倒不如说,亚里士多德所表述的原理不够清楚,因而它在很多应用上,尤其在技术应用上,是无效的。

伽利略的原理在牛顿的《原理》中扮演了一个重要角色。牛顿在他关于刚体运动的一些定律中把它提高到首要地位,他把刚体趋向于保持匀速运动的原理称为惯性原理。

牛顿对空间和时间概念的定义对于他赋予自己的阐述力学的基本定律这一使命具有核心意义。所有事物都在空间和时间里运动。然而,空间是什么?时间又是什么?空间无限大吗?还是它有边界?时间缘何恒定地流逝?时间究竟是什么?

圣奥古斯丁(Saint Augustine)回答过这个问题:"我知道时间是什么。不过,若有人问我,我却不能告诉他们。"托马斯·曼(Thomas Mann)在《魔山》(*The Magic Mountain*)里问道:

时间是什么?时间是一个谜——虽属虚构却仍是万能的。它是世界的一种状态,如同它所显现的那样;它是与空间中物质的存在及其运动结合在一起的运动。假如不存在运动就不存在时间吗?若不存在时间就没有运动吗?这正是要问的。时间是空间的函数吗?或者空间是时间的函数吗?或者它们是等同的?可以一直这样问下去。时间能起作用,时间可以表达,时间会"记录"。它记录什么呢?它"记录"变化。现在不是过去,此时不是彼时,因为这二者之间存在运动。但是,我们用来测量时间的运动是周而复始、自我封闭的,并且因此不妨说它是静止或者停止这样的运动和变化。由于过去永恒地在现在中重复着自己,彼时就在此时。

　　要想确定被我们称为时间的各种现象的本质的确困难,直到今天物理学家们尚未完全成功。而对于物理学家而言,要想说明怎样测量时间——当然是用时钟——却容易得多。客观存在的基本事实是,大自然为我们提供了一些周期运动,即保持自身重复地做的运动,比如单摆的来回摆动或者石英水晶的振荡。要想制作一个时钟,我们只需要一种能对这些运动计数的仪器。周期的数目就是对过去了多长时间的一种度量。

　　牛顿显然颇为艰难地力图建立尽可能准确的空间和时间的概念。按照他的想法,空间和时间各自独立存在而且都与物质无关。他将相对空间和相对时间(作为一方面)与绝对空间和绝对时间(作为另一方面)严格区分开来。

　　　　绝对的、真实的和数学的时间,自然而然地根据它自己的本性在稳定地流逝,与任何外部事物毫无关系。时间用另外的名称被叫做期间(duration);相对的、表观的和普遍的时间,是通过运动对期间进行的某种可察觉的和外显的(不管是准确的还是非稳定的)度量,它通常被用来取代真实的时间,比如1小时、1天、1个月、1年。

　　　　绝对空间,依其自身的本性,与任何外部事物毫无关系,总是保持相似和静止。相对空间是绝对空间的某种可移动的量纲或度量;我们的感觉通过其相对身体的位置来确定相对空间;它通常被认为是静止的空间。[4]

　　有趣的是,牛顿感到有必要给相对空间和绝对空间制定一个明确的区别。我们都知道他的相对空间的含义。那是我们周围的空间,我们在其中运动。它给予我们3个不同的运动方向:上下、前后和左右。换言之,我们的空间有3维。空间的每个位置由3个彼此无关的数字即3个坐标来表征。

它们是我们能任意建立的坐标系的一部分。最常用的坐标系是用彼此成直角的3个坐标轴定义的(见图2.1)。

空间某点的坐标当然没有绝对的意义。它们不仅取决于它的实际位置，而且取决于坐标系的原点和空间里坐标轴方向的任意选择。真正重要的是某点的坐标相对其他点的坐标的关系。

如图2.2所示，A、B 和 C 三点排在一条直线上，B 是 A 和 C 之间的中点。B 点表示从 A 到 C 的路径的中点这个性质是重要的，它与选择的坐标系无关。

让我们现在考虑这些点的坐标。A 点与 B 点的坐标之差等于 B 点与 C 点的坐标之差。例如，设 C 点和 A 点的 y 坐标分别为7和3，则 B 点的 y 坐标为5——正好在3和7的正中央。这对 x 坐标和 z 坐标同样成立。

图2.2 也显示了当我们移动坐标系的原点时会是什么情形，为简单起见，我们让新坐标轴与原来的平行。A、B 和 C 三点并没有改变它们的位置，但在新坐标系里它们的表示与在原坐标系里的表示不同。它们的 y 坐标不再是3、5和7，它们也许移至比如说4、6和8。再一次地，B 点的坐标仍精确地处于 A 和 C 的坐标的中点。

B 点精确地处于 A 和 C 的中点的这种性质与坐标系无关，这就是所谓关于坐标系变换的不变性。类似地，我们把这3个点放在空间何处，无论是靠近原点还是离开原点，都不重要。空间中的任何点或者区域都没有任何特权，都有着同样的权重(weight)。空间的这种民主的性质被称做空间的均匀性(homogeneity)。依照牛顿的看法，我们的空间乃是均匀的和无限的。

空间的另一个特征在如下这个方面是重要的：我们不仅能够将我们的坐标系的原点向任意方向移动，我们还能转动这个坐标系。坐标轴的方向都不是固定的，因为空间不存在特殊的方向。每个方向都等价于其他任何方向，空间被称为是各向同性的。

空间的均匀性和各向同性(isotropy)允许几何系统或者物理系统，比如一个三角形或者一个实心球，都能由无穷多个坐标系来描述，所有描述都完

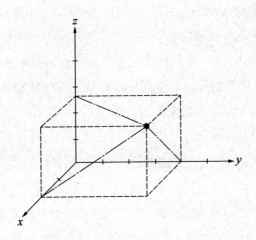

图 2.1　带有 3 个坐标轴 x、y 和 z 的笛卡儿坐标系
(Cartesian coordinate system)。空间里任一点的位置
都能由 3 个数即该点的坐标来唯一地确定,坐标是通过该
点在 3 个坐标轴上的投影而得到的。虚线表示这些投影,
它们总是与所讨论的坐标轴成直角。

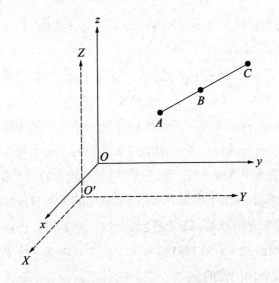

图 2.2　在三维笛卡儿坐标系里表示的 3 个点 A、B 和
C。由于空间的均匀性,这 3 个点在原始坐标系(实线)和
变换坐标系(虚线)里的定义是完全等价的。

全等价。

由于空间的均匀性和各向同性，我们能够在空间中改变任何物体的位置而物体本身不发生变化。只要没有外部影响干扰空间的均匀性或者各向同性，这点就是正确的。严格地说，这个条件仅适用于远离行星和太阳的引力场干扰的外层空间。我们日常生活的这个空间不是各向同性的。存在着一个与所有其他方向有区别的方向，它沿引力方向指向地面。

到此为止，我们只考虑了空间。然而，自然界的所有过程都发生在空间和时间里。让我们看一看自然界中最简单的、可以想象得到的一种动力学过程，即穿过空间的物体（例如宇宙飞船）的自由运动。为了简单起见，我们将忽略宇宙飞船的尺度并将它看作一个类点物体(pointlike object)。这个点有质量，即宇宙飞船的质量。为了说明，我们可以将这个理想化了的物体（实际上并不存在）称为"质点"。

让我们考虑这个"质点"在空间的自由运动。按照牛顿的惯性原理，这个物体要么沿直线做匀速运动，要么静止。在后一种情况下，它的位置很容易在坐标系里描述。该宇宙飞船在所有时刻都位于一个固定点，这就是它的位置。我们能够这样移动坐标系，使它的原点与宇宙飞船的位置完全重合。于是解释起来就非常容易：宇宙飞船的坐标在所有时刻都是零。

而当宇宙飞船在空间运动时，描述起来就困难得多了。我们能在任一时刻表示出它的坐标，但这些坐标从某一刻到下一刻是变动的。它们都依赖于时间。看一看宇宙飞船飞越空间时所采用的所有坐标，我们会看到一条直线。在时间上的任意一点，宇宙飞船都处于这条直线上的某个特定位置。这条直线可以朝任何方向，原点可以距这条直线任意远的距离。由于空间是均匀的，我们可以选择让原点位于宇宙飞船运动所沿着的直线上。

固定了宇宙飞船的直线径迹并没有明确地确定了它运动的动力学结果。宇宙飞船可以沿这条直线快速运动，或者慢速运动。为了确定这种运动，我们必须确定的不仅是宇宙飞船位于**何处**，而且还要确定它**何时**在那里。我们通过设定相应于宇宙飞船航线的直线路径上的每一点处的时间，就能容易地做到这点。

图 2.3 表示的是某个具体运动的时间，单位是秒。借助所列出的时间，我们可以确定宇宙飞船的速度。时间原点之所以这样选择，为的是使宇宙飞船经过原点时，它的时间位于零点。

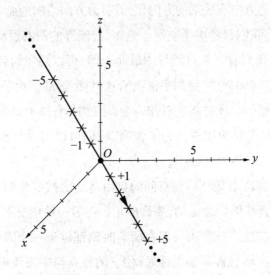

图2.3　质点在三维空间中的直线运动。在图中所示的情况里，这条直线经过坐标系的原点。径迹上的数字以秒为单位表示出了质点行经这个位置的时间。坐标轴的单位可以是千米、英里或者任何其他距离量度。这样选择坐标系，使得我们可以任意地让质点在时间零点上经过原点。

读者可能已经注意到了，我们不仅任意选择了空间坐标的原点，还任意选择了时间的原点。在描述像宇宙飞船这样的简单运动时，这种任意性是我们所拥有的另一种自由。

正如牛顿在他的《原理》中所强调的那样，不仅空间具有均匀的结构，时间的流逝也有同样的均匀结构。对宇宙飞船的运动，我们选择的坐标系的原点与所讨论的问题是不相关的；不论我们以秒或任何其他单位测量，我们选择时间标度上哪一时刻为零点都没有关系。只要没有任何东西能区别时间上的一个特定点,即所有时间点都是等价的,那么运动的观察者任意确定时间零点就有意义。

我们描述的宇宙飞船在空间中的运动的确就是这种情况。无论宇宙飞船是这一天或那一天、这一年或那一年沿着它的轨道运动,只要它的速度相同,而且是沿着相同的直线运动,那它的运动就是相同的。

现在变得很清楚,空间和时间有某些东西是相同的。至少,这两者都是均匀的。时间均匀地流逝;时间上的任一点与其他点都没有根本差别。类似地,我们选择空间哪一点为零点也不重要。当然,空间与时间之间存在着相当大的差别。在空间中,我们可以随心所欲地从一个地方运动到另一个地方。在时间中我们却不能,因为它滴答流逝,不受我们控制。时间只向一个方向奔跑,奔向未来;只有在幻想中才能返回到过去。

空间有3个方向而时间只有1个。时间由钟表的滴答来表示;用秒、分钟等来度量。空间用米、千米或英里来度量。秒和米是完全不同的单位,它们没有任何直接的关系。

牛顿在谈及不依赖于观察者而流逝的绝对时间时指出了空间与时间的差别。没有任何东西、任何外部环境能影响时间的消逝。没有什么东西比时钟的恒定滴答更不可动摇了。

牛顿的绝对时间概念有直接的意义。它与我们的日常体验一致,虽然我们的心理感受会对相同的时间跨度赋予不同的权重。等1小时飞机比读1小时惊险小说似乎要长得多。

对读者来说,绝对空间的概念不那么明显。牛顿这个词是什么意思呢?他在《原理》中写道:"绝对空间,由于其本质,无须参考外部物体而保持均等和静止。"这种主张是令人吃惊的:在表述他的惯性原理时,牛顿已经清楚地认识到,一个物体处于静止或者以特定速度沿一条直线做匀速运动二者没有任何差别。可是牛顿怎么会说到不运动的绝对空间呢?

说了这么多,当我谈及空间坐标系时,我指的是相对于观察者处于静止的一个系统,观察者是出于他或她的个人目的而定义这个系统。我现在应该介绍一种相对于观察者在运动的系统。

比如,我们看一看在空间偶然相遇的两艘宇宙飞船。它们都沿直线匀速地运动。在每一艘宇宙飞船内都有一个观察者,他定义了一个与他一起运动的坐标系。让我们称这两个系统为 A 和 B。现在想象我们登上 A 系统的宇宙飞船。我们认为它处于静止状态。

另一艘宇宙飞船,比如说以 100 米每秒的速度经过。静止的系统 A 与运动的系统 B,哪一个更好一些呢?

牛顿的惯性原理给出了答案:两者同样好。因为绝对运动不能被证实,系统 B 的宇宙飞船中的观察者也会确定他所在的系统是处于静止的那个。相对于这个观察者所在的系统 B,系统 A 在运动,其运动速度与系统 B 的宇宙飞船在系统 A 中的运动速度恰好相等。这就是我们前面假设的 100 米每秒。只是速度的方向恰好相反。

在地球上我们也知道类似的情况。比如,让两列火车彼此经过,或者让一列火车经过另一列在车站中静止的火车。有些读者会记得向静止的火车的窗外看时的情形,得到的印象是他们的火车确实是在运动,而经过的火车似乎还停在那里。

在地球上也不可能定义绝对运动。只有相对运动,即参考某个特定坐标系的运动可以被定义。

让我们考虑一列以 100 千米每小时的速度运动的火车。乘客 A 坐在火车前部的车厢,乘客 B 坐在后面的车厢。两个人都在读报;两个人相对于火车都处于静止。然而,对站在车站相对于地面不动的观察者来说,A 和 B 两个乘客都在以 100 千米每小时的速度运动。

中午,内部通讯系统广播说,火车中部的餐车开业了。我们这两名乘客都起身走向餐车。每个人都以 4 千米每小时的速度向火车中部走去。对火车上的另一名乘客而言,A 和 B 都以相同的速度即 4 千米每小时运动,只是沿相反的方向,A 朝与火车运动相反的方向,B 朝与火车运动相同的方向。

车站上的旁观者看到的则完全不同。B 在以 104 千米每小时的速度猛冲,即以火车运动速度与 B 的步行速度之和在运动。而乘客 A 只以 96 千米每小时的速度经过车站中的观察者,即从火车速度中减去步行速度。

在地球上,静止的坐标系容易定义。当我们说一个物体处于静止状态,我们指的是相对于地球表面它是静止的,即相对于我们脚下的地板或是我们所站之处旁边的一棵树,它不运动。

但是,甚至连这也是一种相对的叙述。坐在运动的火车上读报的乘客看他旁边的人好像是静止的,而穿过火车行走的列车员看来是在运动。描述显然取决于参考系。比如,乘客和列车员相对于地面或任何其他系统都在运动,只有在与火车一起运动的坐标系中例外。

由在空间中自由运动的宇宙飞船上的观察者定义的坐标系称为惯性系。在惯性系中,物体的自由运动可以很容易地描述。根据牛顿惯性定律,如果不是处于静止,物体就会沿直线匀速运动。如果处于静止,它将一直这样保持下去。

与科学中许多其他概念一样,惯性系的概念代表的是理想化的、极端的情况。实际上不存在不依赖且不受其他物体影响的、自由运动着穿过宇宙的宇宙飞船这样的东西,这是因为,即使它远离行星、恒星和星系运动,它仍会受到遥远天体的引力影响。

我们只能近似地获取一个惯性系。比如,一个以太阳为原点、能描述行星运动的坐标系就是惯性系的很好近似。确实,太阳本身也并非不受外部影响;我们的银河系中其他恒星的万有引力迫使它绕银河系中心在几乎是圆形的轨道上运动。它的轨道的曲率小得几乎在大多数问题上都可以忽略;我们能够不妨事地把这种轨道看成是一条直线。我们可以稍有保留地把这个以太阳为原点的系统看作惯性系。

当我们考虑与地球表面有关的坐标系时,事情就更不明显了。我们的行星绕太阳运动是由于太阳的万有引力的作用。地球还绕自己的轴每 24 小时转一周。因此,当从太阳系之外看时,一个固定在地球表面的坐标系描述了一种相当复杂的运动方式。它并不像一个惯性系那样匀速地运动。

严格地讲,地球上没有惯性系。然而,在很多应用中,我们可以忽视陆地系统的异常行为,比如就像在汽车行驶的动力学中一样。汽车与地面上所有物体一起绕着太阳并绕着地球自身的轴运动这个事实并不重要。如果它匀速沿高速公路上的一条直线运动,在大多数场合中,我们可以将由汽车定义的那个坐标系看作惯性系。

在地球上,我们习惯运用相对于地面处于静止的系统。与相对于处于静止的系统做匀速直线运动的所有其他系统一样,这也近似于一个惯性系。后者是我们定义我们的速度所参考的系统。高速公路上,在100千米每小时的区域里因速度达到130千米每小时而受罚的司机,并不能因为申辩只有明确地定义了参考系时速限制才有意义而逃避罚款。

可是,只有当明确指出适当的参考系时,具体指定速度才有意义。速度必然与给定的系统有关。因此,我们无法直接感觉到我们运动的速度。闭上眼睛坐在汽车里,我们无法区别100千米每小时和150千米每小时的速度。

然而,并不是所有与速度有关的物理量都是相对的。比如,人马上就能感觉到加速。闭着眼睛坐在汽车里,当汽车改变速度即当它加速或减速时,我们立刻就能感觉到。当汽车加速时,我们被推回到我们的座位;作为加速作用的结果,我们开始意识到力。这个力出现是因为每个物体都想保持它的运动状态不变。如果这么做受到阻碍,就会出现一种所谓惯性力来阻止加速。

如果我们现在取一辆运动着的并在加速的汽车做我们的参考系,我们会注意到,原来静止的物体,比如搁置在汽车仪表板上的铅笔,便不会呆在原处。由于是取决于加速的程度,它们将向后滑动。

惯性力的出现清楚地表明,我们处理的并不是一个惯性系。在加速参考系中,物体一般不会沿直线运动;它往往会沿着相当复杂的曲线运动。

来源于加速作用的惯性力可以被测量,因此表示它不取决于参考系。物体的加速度有绝对的含义,与物体的速度不同,后者是相对的并且因此依

赖于参考系。

现在让我们回到牛顿绝对空间的思想。我们刚才已经看到,对每个惯性系而言,存在无穷多种相对于第一个系统做匀速直线运动的其他惯性系。这些系统中的哪一个可以说是从牛顿的意义上描述了绝对空间呢?像牛顿那样,谈及不依赖于物质而且不受其影响的绝对空间有任何意义吗?存在没有物质的空间吗?或者倒不如说物质是空间存在的原因,不是吗?因为空间通过其中的物质及通过物体置于其间的诸多方式显现出来。

对牛顿来说,绝对空间的思想有种几乎是神秘的、甚至是宗教的含义;对他而言,它代表一种可以与上帝相比的完全令人满足的精神。我们会认为诸如绝对空间等性质只有上帝才拥有。绝对空间是永恒的、无限的、静止的。它既不能被毁坏也不能被创造。它是无所不在、无所不包的。牛顿认为宇宙的创造者是位几何专家。

当然,牛顿明白他引入绝对空间思想时所面临的困难。它的存在意味着,在无限多种惯性系之中,存在着一个有特殊含义的系统,即相对于绝对空间保持静止的系统。但是,正如牛顿所坦率承认的,这个性质是不能用实验来测量的。

放弃绝对空间的概念,或者,作为一种折中,把所有惯性系的总和看作绝对空间,这样就可以避免这些困难。如果有谁想要知道这些系统中的一个,那么他仅仅通过考虑所有可能的匀速直线运动就可以构建所有其他系统。显然,牛顿不想允许这种折中,因为他坚持他的绝对空间的观点。我们不知道他为什么要这么做,但是促使他这么做的原因可能是在科学舞台之外。

哈勒尔坐在三一学院庭院的喷泉边沉思。"牛顿这么固执地坚持绝对空间的思想是多么奇怪,"他想,"显然,在假设绝对空间时他放弃了他的座右铭'假说不等于事实'(我不构造假说)。毕竟,引入绝对空间的思想并由此引入绝对给定的坐标系——因此引入享有特权的惯性系——而不告诉我们如何从实验上确定那个系统：那么，那就是相当大胆的假说！"

在那个时刻，哈勒尔很遗憾不能直接请教牛顿。他离牛顿工作的地方只有几步之遥，可是，他当然不可能随便地走进他的房间去询问他。哈勒尔只好接受这个现实，过了一会儿，他就离开了这个四方院。这是一个美丽的夏日早晨，就英国的气候而言格外温暖。步行穿过慢慢苏醒的剑桥城让人疲倦，于是哈勒尔坐在学院后面公园里照料得很好的草坪上休息。不久，他就睡着了。

不过，睡眠并未赶走在三一学院时留给他的那些新印象，而是恰恰与此相反。在哈勒尔的睡梦中，牛顿扮演了一个特殊的角色。几天后哈勒尔教授在圣巴巴拉的会议上见到我的时候，在去位于太平洋海岸的埃尔卡皮坦州立公园的旅途中，他把一切都告诉了我。接下来，我试图按照他所描述的梦境进行转述，在其中哈勒尔本人既是讲述者也是参与者。

第三章　邂逅牛顿

人　　物

牛顿——剑桥大学自然哲学教授

爱因斯坦——伯尔尼瑞士专利局的职员

哈勒尔——伯尔尼大学理论物理学教授

地　　点

英国剑桥

瑞士伯尔尼,在此处第一次推导出方程 $E = mc^2$

瑞士日内瓦附近的CERN(欧洲核子研究中心)

在公园休息后不久,我便返回三一学院;更确切地说,我跑回来就好像有个重要约会似的。有些东西把我拉回到牛顿工作过的地方;但我并不知道究竟是什么。我再一次来到了学院的主门,再一次遇到了这个中年男子,这一次他一点也不匆忙;他停下来好奇地看着我。

"刚才我在这儿见过你,"他说,"你是特意在寻找什么吗? 我能帮上忙吗?"

我实际上是在寻找牛顿,这种寻找完全是荒唐的,哪个精神正常的人会寻找一位250年前就去世了的科学家呢? 想到这些我就忍不住笑了。我迅速地答道:"我并没特意在找什么。我只是想四处看看。我一直想看一看牛顿曾经工作过的地方,今天终于有了机会。"

"我猜你是位物理学家。"这个人一边说一边仔细地打量着我。

"你说对了。你不会相信,但我确实是在找些东西,或者更确切地说,是在找某个人;我在寻找牛顿。"

我对自己的回答感到惊讶,这简直坦白得近乎荒唐;而且,同样令我惊讶的是,问话者却把这看得相当平常。他温和地笑着说:"你不必再找了,**我就是牛顿**。"

在那个时刻,我认出了他。站在我面前的确实就是他:牛顿,正是写《原理》时期40岁上下的男子;正是我从内勒的画像中认识的牛顿。他的头发变短了,并没戴假发,而且还穿着现代服装。一个毫无疑心的观察者可能会把他当作20世纪三一学院的一位教师。

同时,我对自己也感到惊奇:我居然把过去存在过的最伟大的科学家之一的突然出现视为理所当然。更有甚者,他的举止就好像不是牛顿,而是一名普通的大学教师站在我面前一样。因此我自我介绍:"阿德里安·哈勒尔,伯尔尼大学物理学教授。"

遇到一位来自欧洲大陆的同事,牛顿看来很高兴,他继续说道:"我认为我应该向你道歉。在三一学院这里见到我你可能很吃惊。毕竟,从我在这里工作时算起至今已将近300年了。"

我点点头,举止就好像在剑桥找到牛顿是地球上最自然的事情了。我很惊讶,他对我是那么友好,甚至是友善的。在他那个时代,他有孤傲的名声,即使是同事也很难和他接近。显然,从那时以来他有了变化,而且这对他没有坏处。

"几天前我获得机会访问我曾经工作过的地方,"牛顿说,"从那时起我就一直呆在剑桥。如你所能想象的,许多事情对我来说都是新鲜的,街道上的交通、学院房间里明亮的灯,我想你们现代人称之为电灯。还有前面带一块弧形玻璃的能使图像动起来的奇怪装置,你们称之为电视机。我现在已经逐渐习惯了这些东西。我花了大部分时间在图书馆里，努力去了解我曾经从事过的自然科学中发生了什么事情。必须承认，我有很严重的问题。我所读的现代物理学教科书中的许多东西我都不明白。"

我插话说："这不奇怪，从你的《原理》出版以来的3个世纪中，科学领域已经发生了许多事情，物理学也不例外。19世纪末发现的原子物理学中的新现象没法再用你的力学来理解了。必须发展新的理论，特别是相对论和量子力学理论。"

"又是它，在看书时你们称为相对论的这个概念我已遇上了好几次。"牛顿大叫道，"这个理论究竟是什么东西？需要认真对待吗？也许你可以告诉我有关它的更多东西？就在昨天晚上，我还试着从所找到的几本教科书中的一些简短评述中搞清它的意思，但恐怕我并没那么幸运。不过，有一件事情我很清楚，这个奇怪的理论并不接受我的绝对空间的概念。"

我，一个每天都要面对自己的学科难题的20世纪末的物理学家，该如何去回答呢？我怎么能拒绝牛顿的要求呢？毕竟，这可能是了解这位非凡的天才的思路及其能力的唯一机会。

"好吧，"我说，"我提议我们一起弄清相对论的最重要的方面。可是你必须答应我一件事。你曾经研究过力学的基础，那是技术的主要动力；我也想借我们会面之便，能对你的思想世界有所了解。我建议我们来系统地考虑在20世纪期间所发现的与相对论有关的物理现象。但这会需要一些时间，也许要用几天时间。你能花多少时间呢？"

牛顿答道："我的时间并不紧。唯一让我犹豫的是那样做会占用你太多的时间。300年前我在剑桥这儿搞研究时我有的是时间。几天根本就不算什么。不过，事情似乎有了变化。我有种印象，在这个年代里，几乎没有人有足够的时间并非肤浅而是更加深入一些地去思考一些事情。"

"实际上，我是在去美国开会的途中，"我答道，"但如果有机会能和牛顿一起呆几天，我会让我的同事们去开会，而我自己就留在这里。"

牛顿非常高兴听到更多有关的话题，即关于他并非刚愎自用地称之为牛顿的自然科学的继续发展。他同意留出接下来的几天，以便我们能对此进行讨论。

那天上午我和牛顿都没有其他安排，所以我们当场就开始了讨论。我们决定从我给牛顿介绍力学基础的当今见解开始，这似乎是多此一举，因为我们的观点仍然是以牛顿本人的贡献为基础的。因此，我在这方面没花多少时间，就转而讨论绝对空间的概念。在适当的时候，牛顿概括了我的一些论点。

牛顿：如果我理解得正确的话，你主张的是有可能在空间任何一点和任意时刻引入一个坐标系并称之为惯性系。根据该系统能使有质量的物体像任何不受外力作用的物体应有的那样，保持沿直线轨迹运动的性质来定义这个系统。如果我们定义了一个这样的系统，那么我们就可以推断出有无穷多个另外的系统，它们相对于第一个系统会以任意速度做匀速直线运动。

另一方面，如果第二个坐标系相对第一个是旋转的，那么第二个坐标系就不是惯性系。在第二个系统中，自由运动的物体就不是沿直线而是沿曲线轨迹运动。那种轨迹是由于该系统的旋转而产生的。这是惯性系统与旋转系统的根本差别。这些在我的《原理》中详细地谈过了。类似的观点也适用于沿任意方向加速的参考系。

我一直深信，当一辆马车——或者你愿意说一辆汽车也行——突然减速时，我们所体会到的那种惯性力必定与空间的结构有联系。速度总是相对的，但加速度是绝对的，而且不取决于参考系。然而，如果不存在能提供绝对框架的空间，一个物体的加速度又怎么能确定是绝对的呢？

类似地，旋转系统与惯性系统必定存在着某种差别。在我看来，差别就在空间结构本身。空间以及时间才是物质被从空间移走之后所留下来的东西。

哈勒尔：你能肯定物质被从空间移走后还留下了**什么东西**吗？

牛顿：当然，至少留下了两样东西——空间和时间。[显然，牛顿不打算容忍对他的空间和时间思想的任何反对。]在创世之初,上帝创造了世界;他是在空间和时间之中创造的;更准确地说,他是在绝对空间和绝对时间之中创造的。对我来说,空间和时间二者都是绝对的、尽善尽美的东西,是神圣的东西。它们就像上帝本身一样是绝对的。另一方面,我们并非存在于一个自由空间里;由于受到我们称之为地球的这个旋转行星的约束,我们永远也不能完全体验绝对空间,即由意味着绝对静止的坐标系所定义的空间。我们只能取近似。

由钟表测量的时间绝不是绝对时间。我们测量时间的方法只是对它进行不完全的描述。在《原理》中我写道:"绝对空间鉴于其真正本性而保持不变和不动,并且不取决于什么外部物体。相对空间的存在与前者有关,我们的感觉是按照它相对于其他物体的位置来对它进行定义的,而且,我们通常认为空间是静止的;相对空间在与静止空间相比较时可能是运动的。"在我看来,所有物体都在空间中运动,但空间却仍然不受影响且无所改变,这个事实给出了绝对空间的肯定的证据。它是上帝嵌入所有物质的支架。

对时间也有类似的论点。我们每个人对时间如何流逝都有不同的看法,它可以像箭一样飞逝,或是像蠕虫一样爬行。幸运的是,时钟帮助我们避免了这种不确定性。可是,不论我们怎么测量,我们都只能得到绝对的、真正的时间的一个模糊的图像。从它的真正本质上讲,绝对时间是均匀流逝的;它与外部物体或者空间中存在的任何物质都没有关系。

时间就像宽阔的河流中流动的水;单个事件就像水面上的碎木片,一出现就会被水流推动着向前走。绝对时间之河无情地向前流动;它把将来变成现在,然后再抛弃现在让它成为过去。

年轻时我花了很多时间深入地思考时间。没有什么东西像时间这样既简单又复杂。每个人都生活在时间之中,感觉着时间是如何消逝的。没有时间,我们的存在是不可思议的。可是,如果你要问时间的本质到底是什么,没人能给出令人满意的答案。也许不存在这种答案。

我认为时间像空间一样,是上帝嵌入物质的支架。恒星和行星可以消失,可时间却保持不变。它无始无终。在整个宇宙中,不论是这里的地球还是在遥远的星系,绝对时间总是相同的。上帝给予我们的时间像一条链子,它把我们与最遥远的太空连接起来。

牛顿几乎是恳切地讲完最后的话。我感觉到,他不是极力要说服我而是要说服他自己。我们一边讨论一边在学院的四方院中兜圈,最后在喷泉的台阶上坐下来。我的对话者想必已经知道我是心存疑虑地在听他讲话。

牛顿(有点激动地):你怀疑我吗?我承认只有经过斗争我才决定仅仅通过参考绝对空间和绝对时间来定义空间和时间。用这种方法我们避免了许多困难。但是,我担心那只是一个假设。我没法证明它。可是,看来成功最终证明我是对的。

哈勒尔:是,也不是。就我而言,我可以与你的不带绝对空间假定的力学共存。

牛顿:但是,你怎么去理解惯性系与旋转参考系之间的差别呢?

哈勒尔:我在伯尔尼是这样给学生们讲的:如果我处于旋转参考系中,比如说一个旋转盘子,我可以轻而易举地证实旋转:在某种程度上,我看到我周围的东西绕着我旋转。

如果我在远离地球的外层空间运动,我也同样可以做到这点。如果我的宇宙飞船旋转,我就会看到苍穹围绕着我旋转;我因而认识到:"嘿,我的参考系在旋转,我不是在惯性系里。"在这个例子中,苍穹给了观察者说出旋转与非旋转之差别的方法。类似地,甚至不提到绝对空间我们也可以证实地球的旋转。

牛顿:大致说来我同意你的观点。绝对空间可能与恒星和外层空间中巨大的质量有关。

恒星实际上是固定在它们的天体结构中,因此表面上是不动的,难道这不奇怪吗?可是,为什么不该如此呢?在现实中,这些恒星中的一些是处于相当快速的运动之中的,但我们看不到相应的运动,因为它们离得太远了。然而,即使是非常远的恒星,如果它运动得足够快,我们也能用肉眼注意到它在夜空中的运动。因此,只有存在这样一个基本原理,即不论恒星是多么遥远,都可以对它们的运动速度强加一个限制,这样才能理解恒星表面上不动的原因。只有那样一个原理才能确保运动表面上的静止。

图3.1　后发座星系团的中心。在这里能看到的只是其两千多个星系中很少的一部分。从后发座方向看,它们距离地球约500光年。原则上,这些星系可以快速地彼此穿梭运动,就像一群蚊子;实际上,它们的相对运动是缓慢的。因此,我们可以定义一个坐标系,其中星系总体上讲是静止的。这样的坐标系可以看作惯性坐标系。如果牛顿是,比如说后发座星系团中一个星系中某颗行星上的居民,他可能会把这个特殊的系统解释为他的"绝对空间"。

有这样的原理吗？如果有，我就准备放弃绝对空间，并提出恒星是近似静止的原理。

我迷惑了，牛顿讲了这么多话之后，竟会这么快就放弃他的绝对空间的思想。我答道："你说得对。真令人吃惊，恒星抑或更遥远的恒星系……"

"你是说星系吗？"牛顿微笑着打断了我，"你看，我已经充分利用了我在剑桥的时间，学了不少现代天文学和天体物理学的东西。"

我继续说："星系并不是高速疯狂地在空间运动，难道这不奇怪吗？现在我们知道它们是以文明的、几近高雅的方式穿行于空间。比如，我们所在的银河系与离得最近的仙女座星系彼此在朝对方运动但相对较慢，只是每秒几千米。"

"在我看来，我们在这里所观察到的宇宙运动的这种规律并不是偶然的，"牛顿说道，"我想象这会与绝对空间有关。它甚至与绝对空间是完全一致的。"

我希望避免在绝对空间的原理问题上迷失于毫无结果的讨论。"我基本上同意你最后的推测。在宇宙中我们观察到，星系在有规律地运动，而不是疯狂地沿着杂乱无章的轨道横穿空间。这个宇宙比无偏见的观察者所猜测的更有序。因此，使用一个能简单地解释这些运动的坐标系是合理的。使用所有星系都围绕一个中心点运转的系统，以及定义我们这颗在旋转的行星即地球就是那个中心点，这些都没有什么意义。"

"对地球上的我们来说，所有星系与太阳一样24小时完成一次旋转。当然，这个周期与星系无关而只与我们这颗不大的行星有关。天文学家早就认识到这一点了。这就是为什么他们提出银河系的运动与由我们星系确定的一个坐标系有关，而且在我们星系中心有它的原点的原因。就我而言，我们可以把这个系统确认为绝对空间，这么做更是因为，用那种系统相当容易解释其他星系的运动，因为相对于我们自己的星系，它们运动缓慢。"

"让我们先从认同绝对空间的定义开始吧，即使对你们来说这看起来有

点儿太唯象了,而且当然不触及宗教方面。很快就会清楚,全新的问题出现在相对论中;它们迫使我们重新审视空间的概念。"

我认识到我对待牛顿并不宽容,我正对他的力学世界观的实质方面表示怀疑。但是牛顿急切地想了解关于相对论的更多东西,因此他决定不再争论了。实际上,他本人建议我们应该马上讨论新理论。

图3.2 我们银河系的全景图[伦德马克(K. Lundmark)根据详细的照片记录合成的图]。左边是银河系的御夫座、英仙座、仙后座和天鹅座。从地球上观察,银河系的中心是人马座。右边,银河系延伸穿过半人马座、南十字座、船底座、船尾座和大犬座,这些星座只能从南半球看到。右下方,我们看到两块麦哲伦星云;这些小星系是我们的卫星。1987年2月,一颗超新星在大麦哲伦星云爆发。

银河的坐标系定义为它的原点与银河系中心一致。(承蒙瑞典隆德的隆德观测站惠允。)

可是时间在流逝着,我们都同意把物理问题暂搁一边,先到附近的小店吃午饭。

午餐期间,我们谈论了很多牛顿显然很感兴趣的东西。他对我讲述的第一次登月着了迷,而且还想了解现代太空研究的一些事情。离开小店时我们都处于最佳状态。我们俩没人想继续物理学的对话,而是代之以享受信步穿过剑桥的乐趣。

第四章　关于光的对话

上午我曾在三一学院后面的公园里休息。到这儿后，我们在草地的安静处坐下来。我的同伴开始讲话。

牛顿：在我所参考的一本物理书中提到，相对论问题与光的性质密切相关，所以我们就谈谈光吧。

在我所处的时代，我认为光是由在空间快速运动的小粒子组成的。对木星的卫星所进行的细致的研究使我们得以确定光速，或者更精确地说，是确定光的那些粒子相对于绝对空间的速度，约为300 000千米每秒。我强调是**大约**。毕竟，我们这里所论述的是对极高速度的一种粗略估计，它还取决于光源的运动速度，以及其他一些可能的情况。

哈勒尔：请等一下。如今我们可以非常精确地测量光速。1秒钟内光线能行进299 792 458米，已经知道这个速度准确到大约1米每秒。

牛顿：太令人惊讶了！这种精确度简直令人难以置信。我们一定得找个时间，你来讲讲已能做到这样的测量的巧妙方法。但首先，我想让你来考虑一下这种情况：你看到那边的塔了吧，假设我朝那个方向亮一下手电筒，光粒子就会以我们所谓的速度c由灯向塔运动，c接近300 000千米每秒。现在，我拿着手电筒快速向相反方向即背离塔的方向奔跑。

光粒子以速度 c 离开灯,可是灯每秒也有5米的位移。我们看到光粒子不是以速度 c 运动而是以 $(c-5)$ 米/秒的速度运动。

而当我拿着手电筒向塔的方向跑时,这个过程就反过来了。在这种情况下,在一个静止的观察者看来,光粒子是在以比光速 c 还快的速度运动。精确地说,光粒子的速度为 $(c+5)$ 米/秒。在我所处的时代,光速能够被测量到1米/秒的精度,这种事对我来说是绝不可能发生的。可是几分钟前你所提到的那种精确度量级,意味着当今我们应该能在每秒几米的量级上区分光粒子的不同速度。

你眼下所说的究竟是哪种速度呢?是光粒子参考手电筒还是参考某个特定的观察者的速度?

哈勒尔: 我谈论的仅仅是用字母 c 所表示的光速。无论我们何时测量光速,我们得到的都是我刚才给出的那个数值 c。我们从未得到过其他速度。光速是个自然常量。

牛顿: 这听起来真是荒谬可笑、难以置信。你是物理学家,你应该知道没有什么速度能是个自然常量。任何速度都取决于观察者。不论是从一艘行驶的轮船上还是从一辆快速奔驰的小汽车上发出的光的速度都会与我所拿的手电筒发出的光粒子的速度不一样。

断言所有光粒子以相同的速度运动,这就如同说无须考虑观察者所有炮弹都是以相同速度飞行一样荒谬可笑。那不仅与我在《原理》中建立的一些定律矛盾,而且还违背常识。

哈勒尔: 我同意你的观点。我所说的当然与你的定律相矛盾,而且看起来这也与你所援引的常识相违背。可是的确如此,光总是以相同的速度运动。这并不是我的想法,而是已经被实验证明了的事实。

牛顿: 这个实验是什么时候做的?又是由谁完成的?

讲这些话时牛顿非常激动,他迫不及待地要搞清究竟。他意识到他的整个力学大厦可能有与这个实验发现无法相容的危险。我等了几分钟才继续讲下去。

哈勒尔：讲这个实验之前，我先说说光的本性。刚才你谈到了光粒子；它们确实存在，如今我们称之为光子（photon）。

牛顿："它们确实存在"，你这话是什么意思？很久以前我就在《原理》中谈过光粒子，它们当然存在。可是在你和我之间，我必须承认我没有绝对的把握。有些光现象，比如光在狭缝处的衍射，我就不能用我的假说来解释。

欧洲大陆特别是荷兰与法国的一些自然科学家对我的理论不以为然。他们坚持认为，光不是由粒子构成的，而是一种波，而波需要某些介质来传播。这种介质被认为是一种充满了整个空间的以太（ether）。除了以太观点之外，波动理论有些有趣的性质我确实难以对付。如果发现了能使波动理论与我的粒子理论相一致的可能性，哪怕有某种折中的可能，我都可以接受它。我一直在寻找，可最终还是放弃了，这么做是对的。毕竟，你刚才亲口告诉我，我的光粒子理论被证明是正确的。

哈勒尔：容易，这太容易了，艾萨克爵士。确实有许多实验证明了光是由微小的粒子即光子构成的这种观点。可是这并不意味着你的光理论真的正确！你一直在寻找的这种折中确实存在。这是1905年由当时正在我家乡伯尔尼的专利局工作的一位年轻物理学家发现的。碰巧，他也正是创立相对论基础的人。

牛顿：我恭喜这个人。他叫什么名字？

哈勒尔：他叫爱因斯坦。我们将会经常提到他。爱因斯坦可能是20世纪最重要的自然科学家。他1955年在美国去世。

牛顿：我对这位爱因斯坦很有兴趣。另找个时间，也许明天，你可以多给我讲些他的事情。此时我想准确地了解，爱因斯坦是如何设法在波与粒子之间找到折中的。

哈勒尔：恐怕我没法现在就详细讲，特别是由于那些问题并不是直接与相对论有关。但请允许我先简要地澄清一下：在18世纪至19世纪这段时

间,光的波动理论逐渐为人们所接受。

牛顿:啊哈,我猜就会是这样。

牛顿满怀期待地注视着我。他并未失望,而是平静地接受着我的一些论点。

哈勒尔:让我们假设,像声波或是湖水表面的波一样,光以波的形式传播,那么我们就可以解释我们前面提到过的诸如衍射之类的许多光现象。在这种假设下,也可以详细计算光是如何穿过复杂的望远镜的。用这种方法,我们可以建造高分辨率的望远镜,这在天文学上已获得了特别的成功。到19世纪末期,已没有人再怀疑光是一种波动现象了。可是后来又观察到了一些奇怪的现象,特别是与原子有关的现象。

牛顿:眼下我们无须提原子。前些天,我在原子理论上已经花了相当多的时间。不可思议的是,科学家们是如何设法识破物质并确认原子是化学元素的最小组分这一点的。

我对原子了解得如此之多你感到惊讶吗?我认识到,原子本身是由更小的粒子——原子核以及由你们称为电子的微小粒子组成的壳层——构成的。我在电力方面也花了些时间,因为这是使原子的组分结合在一起的力。

还有很多关于原子的东西我不了解。比如,为什么有些原子核那么

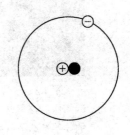

图4.1 氘原子简图。氘原子由一个原子核和一个电子云构成。它的原子核中有一个带正电荷的质子和一个电中性的中子(黑圈);电子云中只有一个(带负电荷的)电子,它围绕原子核运行。原子结构的稳定性来自于电子与原子核之间的静电吸引力。

更复杂一些的原子是由几个电子围绕包含几个核子(质子和中子)的原子核运转,其中质子数一般等于壳层或电子云中的电子数,这样能确保整体的电中性。最简单的原子是氢,只有一个电子围绕一个质子运转。

重？在我看来，原子核本身应该由更小的粒子构成。所以，下一个问题就是，是什么力使这些粒子结合在一起的呢？我不相信是电的吸引力，因为对电吸引力来说，原子核太稳定了。我倒认为必定是存在某种其他的力，一种与电力非常不同的核力。

哈勒尔：假设原子核是由更小的粒子构成的，这一点你是完全正确的。原子核的这些成分确实存在，而且被称为核子（nucleon）。核子并非由电力而是由一种强得多的称为强核力的力结合在一起的，这种力有时也称做强相互作用。

牛顿简直着了迷。我一个接一个地证实了他的观点，显然他非常高兴。

哈勒尔：我们还是回到光的话题，特别是如何用波粒二象性（particle-wave dualism）来描述光现象的问题。不久前，我的一位朋友在科普杂志上发

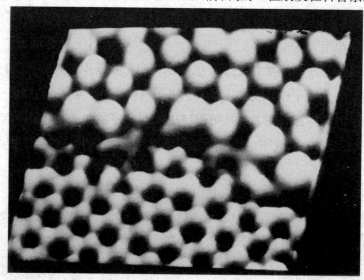

图4.2　现代测量技术使原子可见。此图中所示为隧道显微镜产生的图像。这里硅原子和银原子的原子结构清晰可见。我们实际所看到的并不是原子自身的图像，而是由精密探针检测到的电子云所产生的电力场。这些探针利用的是一种被称为隧道效应（tunneling）的量子效应。[加利福尼亚圣何塞IBM研究实验室的R·威尔逊（R. Wilson）摄。]

表了一篇关于那个问题的文章。我建议你看一下。在本学院的图书馆就可能找到这篇文章。

牛顿：好主意！尽管我们彼此相隔了300年，但显然你认为我能理解它。

哈勒尔：我并不担心这一点。这篇文章是给并不熟悉物理学的人写的。20世纪非专业的读者在理解这篇文章时当然会比17和18世纪的顶尖物理学家遇到的困难更多。

牛顿：好吧，我们去找找这篇文章吧。

图4.3　坐在伯尔尼专利局的办公桌前的爱因斯坦。[可能是摄于1905年，承蒙爱因斯坦档案处惠允；承蒙(美国物理学会AIP)尼尔斯·玻尔图书馆(Niels Bohr Library)惠允。]

我们非常幸运；在这个管理得井然有序的学院图书馆里，只用了几分钟我就拿到了该文的一份复印件。牛顿马上开始读起来。我打算利用这段时间在这座小城里稍微走一走。我们约好两小时后在四方院的喷泉旁碰面。

[我不想冒让我的读者在此处迷路之险。我把推荐给牛顿的文章在此处重印一遍，以防读者们找不到。如果有些论述与上面我和牛顿的讨论内容重复，还请读者们见谅。]

牛顿的读物：光是什么？[5]

那是1904年，25岁的文职公务员爱因斯坦正在瑞士首都伯尔尼的专利局工作。他的工作是审查新的专利申请。

爱因斯坦的工作一直很忙。然而，他仍挤出时间去思考从在苏黎世做学生时起就铭刻在他大脑里的许多物理学难题。这其中最重要的就是光的本性。

几十年以来，一直有关于光的不寻常的实验效应的报道。包括爱因斯坦在内，没人能弄清其中的含义，可现在他认为他已步入正轨了。他有了一种想法，这种想法最终成为我们的自然宇宙概念发生根本变化的出发点。

相当长一段时间以来，物理学家们一直致力于研究光的概念。理由很充分：除了我们身边的物质之外，光是我们日常生活中最显而易见的现象。

可光是什么呢？它是一种特殊的物质吗？最初试图回答这个问题的物理学家之一就是英国物理学家艾萨克·牛顿爵士。在他17世纪末出版的重要著作中，牛顿说光是由微小的粒子构成的。但是那种理论并不能令人信服。比如，一旦光被物体吸收时光粒子会怎么样？光粒子被物质"吞噬"了吗？

关于光的另一种观点是与牛顿同时代的荷兰人惠更斯(Christian Huygens)提出来的。他相信光和声音一样，是一种波动现象，而且光波是在一种充满整个空间的特殊介质中传播的；他把这种介质称为以太。

光的许多性质确实可以用这种方式来解释，比如当光进入水或玻璃时的折射。例如，这种现象可以用于望远镜。这有助于19世纪的人们接受惠更斯的思想。

当人们搞清楚光只不过是电磁波的一种特殊形式之时，光的波动理论取得了胜利。这一点是在19世纪末由德国物理学家赫兹(Heinrich Hertz)洞察到的。与发报机发射的无线电波一样，电磁波与可见光的差别只是它们的波长不同。因此，自然科学的两个重要领域——电学与光学——被统一起来了。

人眼只能觉察电磁波的很少一部分，即波长为0.38微米至0.78微米的范围。这个范围的长端对应的是红光，短端对应的是蓝光。其他所有电磁波都是不可见的。这对波长比可见光短1000倍的X射线来说是正确的，对波长更长——在1米至几千米之间——的无线电波也同样正确。

爱因斯坦1905年的思想起源于原子物理学。物质是由微小的建筑砖块——原子——构成的，进而是由甚至更小的粒子即电子和原子核构成的。电子是电荷的载体。沿导线运动的电流是由电子在导线中的运动而产生的,它们从一个原子跳到另一个原子。

爱因斯坦并不满意这种想法,即一方面物质由原子构成并因此具有粒状结构,而另一方面,光作为一种电磁波,看起来是连续不断的,缺少这种颗粒性质。可是我们如何能在这种框架中勾勒出原子与光之间的相互作用呢?

电磁波的发现者赫兹第一个发现了这样一种奇特的效应,它在几十年后激发了爱因斯坦的想象力。当光照在金属板上时,电子可以从金属中被喷射出来。这种现象被称为光电效应(photoelectric effect)。后来发现它在技术上有许多应用,比如在照相机中作光度计。这种情况下,光照在照相机上,"入射"光从金属表面释放出电子。接下来,电子产生一个可测的电流。入射光越强,显示的电流就会越强: 它告诉我们该如何选择曝光时间。

通过入射光我们还可以"激发"原子,这样它会继续辐射一会儿。比如,我们可以看到某些钟表或手表的发光数字。

电子为什么会从金属中释放出来呢? 与任何电磁波一样,光波含有能

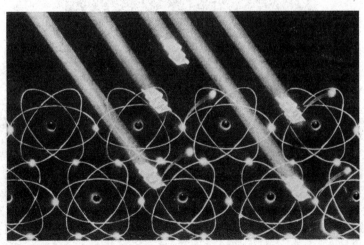

图4.4 光电效应: 当光子打到金属表面时,电子从金属中被发射出来;外加电压以电流形式记录了这些电子,这就是摄影用的光度计的操作原理。

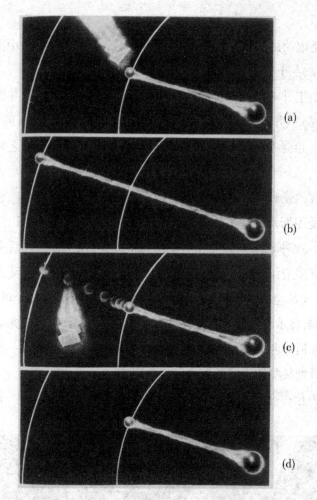

图 4.5 光子引起原子发光。从上到下分别为：(a)一个光子击中围绕原子核的低能轨道中的一个电子；(b)这个电子吸收了光子，增加的能量使得它得以进入到能量较高的轨道；(c)该电子并不停留在能量较高的轨道上而是跌回能量适宜的轨道；(d)跌回能量较低轨道后多余的能量以光子的形式发射出去。

量，不妨说，这种能量被金属吞噬下去了。自然界中能量是不会丢失的，即使是在光电效应中也是一样。这种能量转换成了借助入射光从金属表面逃逸出来的电子的运动。

我们可能会预料,当入射光非常强时,电子会快速离开金属并具有相当大的动能;而当入射光弱时电子会缓慢地离开金属。毕竟,光源越强,可获得的能量就越多。

可是,物理学家们观察得到的却是出人意料的结果。当入射光强度增加时,释放出的电子的速度并没有增加,而电子数却增加了。如果入射光的强度增加100倍,那么发射出的电子数也增加100倍。而这些电子的速度或能量却没有改变。

然而,也有一种方法可以改变发射出来的电子的速度:我们必须要改变入射光的波长。如果我们使用蓝光,出射电子的速度就比用红光快,即使光强减弱也是如此。物理学家们对此困惑不解。

很清楚,打在金属表面的光以某种特定的方式将能量传递给出射的电子。每个电子获得一定的能量,其数额不取决于光强而取决于光的波长。于是,似乎一束光线是由许多"光原子"构成的。所呈现出来的恰恰是爱因斯坦1905年提交的让科学界惊讶的东西。这使他荣获了1921年的诺贝尔物理学奖。

爱因斯坦的光理论把光视为一种波动现象,但能量却只能以确定的数量输运。爱因斯坦自己称之为"光原子"、微小的"光豌豆"。这些就是我们现在所谓的光子,即光的粒子。正如普通物质一样,光最终也是由基本粒子构成的。

仍然存在的问题是:光究竟是波动现象还是粒子现象呢?我们应该如何描绘光子呢?惠更斯与牛顿,谁是对的呢?爱因斯坦的回答是:他们两位都是对的。光的传播既是一种波动过程又是一种粒子过程。把光波分成小的片段,分别对应单个光子,微小的波包和能量包以光速不知疲倦地从空间疾驰而过,也许这样更易于我们想象。

光子的能量只取决于所考虑的光的波长。波长越短,光子的能量就越高。红光光子的能量比蓝光的弱。

"蓝"光子的能量约为3电子伏。(1电子伏通常称为1 eV,是指一个电子从1伏电池的负极运动到它的正极所获得的能量。由于电子质量很小,该能量也很小。)"红"光子的能量只有"蓝"光子的一半,约为1.5 eV。只有能量范围在1.5 eV至3 eV的光子,才可以被人眼觉察。

无线电波的光子具有更低的能量。在高频范围内操作的发报机波长为41米,这个波长约为蓝光的10^8倍。因此,它的光子能量为"蓝"光子的(约3 eV)10^8分之一。

X射线光子的能量大约是可见光的1000倍。这就是它能穿透人体并因此被用于医学目的的原因所在。可是,由于同样原因,这些光子也能造成人体细胞组织的伤害。

光子的能量可以是任何量值。能量超过10 000 eV的光子一般被称为伽马量子(gamma quanta)。它们是核物理实验观测中所观测到的伽马辐射的建筑块。原子反应堆也会发出强伽马射线,必须要用铅或水泥墙对它们进行防护。这些伽马射线是原子弹或氢弹的破坏效应的部分原因,它们产生于核反应中的炸弹爆炸。

爱因斯坦的理论非常简单地解释了在所谓的光电效应中为什么电子的能量不随着光强的增加而增加。当光子打到金属表面时,它的能量就被金属中的电子吸收了。受影响的电子被加速并可以从金属表面发射出来。出射电子的速度取决于光子的能量。

如果我们增加光强,就有更大量的光子打在金属上。结果,发射出来的电子数增加了而速度并不增加。如果我们用蓝光代替红光来减小入射光的波长,我们就增加了光子的能量,从而也增加了出射电子的能量。因此,爱因斯坦的理论使原本令人困惑的光电效应一清二楚了。

当爱因斯坦提出他的关于光原子即光子假说时,他的同事们并没表现出多大热情。爱因斯坦入选普鲁士科学院时,为他的成员资格做担保的普朗克,毫不掩饰他的批评态度。他要求宽容的事情乃是,即使像爱因斯坦这么卓越的物理学家也可能偶尔在思辨时过了头。普朗克称光子假说为那种过分热忱的一个例子。

如今光子的存在已是毫无疑问的了。它们像电子或原子核的组分一样是基本的粒子。用现代的探测器很容易跟踪单个光子的轨迹。人眼的视网膜实际上只是一个光子探测器而已，人们业已证明了视网膜能觉察可见光的单个光子。因此，视网膜对小到几个电子伏的能量是敏感的。

美国物理学家康普顿(Arthur H. Compton)给出了爱因斯坦假说的令人信服的证据。他非常认真地考虑了爱因斯坦的观点，并着手研究光子与电子间的反应。他提出，如果光子像电子一样是真正的基本粒子，那么就应该能观察到光子和电子之间的碰撞，这种碰撞多少有些类似于台球桌上台球间的碰撞。

假设我们在玩台球，用的是小的白球和大的黑球。一旦一个白球碰到一个静止的黑球，白球就会以一定角度并多少有些减慢的速度反弹。黑球也会以一个不同的角度滚走。白球的速度以及相应的能量会在碰撞中减少，这是因为它的一部分能量已经传递给了黑球。

康普顿是个注重实践的人，他把白球比作光子，把黑球比作电子。电子是原子壳层的组分，供应非常充裕。为了取有效的近似，我们可以认为它们在原子中是静止的。

当我们用能量足够高的光子照射物体时，有些光子可能打到单个电子上并因此偏离原来的轨迹。所讨论的那些电子受到这么一击就会从原来它们所附着的材料中发射出来，因此就可以在探测器中被记录下来。在与电子的碰撞中，光子会损失一些能量，因此它的波长会改变。

光子波长的这种变化以及同时发生的能量损失都由康普顿通过实验证实了。他用X射线光子照射像铝块这样的普通物质。在与铝中电子的碰撞过程中，X射线光子改变了自身的径迹并损失部分能量，这两种现象康普顿都精确地测量到了。他的结果是对爱因斯坦理论的出色证实。

康普顿所探测到的光子与电子的碰撞，对光子和电子这二者都是微小粒子提供了令人信服的证据。这又引出了下面的问题：光粒子与像电子或原子核这样的物质粒子之间是否存在差别。

可以找到的一个重要差别是,所观察到的这些粒子的运动速度不同。一个普通物质块,比如说岩石,它既可以处于静止状态也能以某个特定的速度运动。然而,这一速度不能是没有限制的。物理学定律表明,物质永远不能以超过光速的速度运动。

在真空中,光运动的速度非常接近300 000千米每秒。光子以相同的速度运动,与它们的能量无关。虽然X射线光子的能量比可见光光子的能量高得多,但两种光子的运动速度是相同的。一个从太阳内部的核反应产生出来的光子,从太阳到地球要走大约8分钟。

因此,在自然界中光速是个恒定的量值。在我们地球这里、在太阳与地球之间的空间以及在星系间的巨大的空间范围内,光子总是以300 000千米每秒运动。速度恒定是光子的一个特有性质。

诸如电子等其他所有基本粒子都不是这样的。它们的行为就像是大的物质块。与上面提到的岩石一样,电子可以静止,也可以以某一特定速度在空间中运动,但是它的速度必定低于光速。在现代实验室中,借助复杂的电场和磁场,基本粒子物理学家可以轻松地将电子加速到光速的99.9%。(图4.6所示的加利福尼亚的斯坦福直线加速器就是一种这样的加速器。)

1905年,爱因斯坦第一个认识到光速的普遍意义。他的相对论和光子理论都是在他非常多产的这一年完成的。

但是,光子与电子之间根本的差别是什么呢? 是它们的质量。电子是具有10^{-27}克的微小质量的基本粒子。由于具有质量,电子可以像比它大的一块物体那样静止。

而另一方面,光子是没有质量的粒子。它确实具有能量,但是它不能处于静止状态。由于没有质量,光子不得不永远以光速运动。

基本粒子的质量具有重要意义:它决定了一个粒子必须运动多快才能获得某种程度的能量。可是物理学家们仍然不知道,为什么有的粒子有质量,而像光子这样的其他一些粒子却没有质量。

在自然界中,光子扮演的是能量携带者的角色。太阳的能量是以光子

图 4.6　从空中拍摄的斯坦福直线加速器中心(SLAC)，位于加利福尼亚的斯坦福大学附近。长度约为 2 英里(约 3.2 千米)的直线加速轨道始于海岸山岭的山脚下，将被加速的粒子笔直地送到 SLAC 的实验区。在途中，电磁场将粒子的速度提高到接近光速。(承蒙 SLAC 惠允。)

形式辐射的。这些能量一部分被地壳吸收，转换为诸如热量等其他形式的能量。只因为光子与物质相互作用，这一切才有可能。它们不能简单地穿透物质，而是把能量传递给所有带电粒子，正如在康普顿效应中它们与电子碰撞时那样。

应该注意的是，光子只与带电粒子发生相互作用。它们与电中性粒子不发生作用。在电和光之间，在电荷与光子之间有种密切的联系。

光子不仅是自然界中很重要的粒子，而且也是宇宙中为数最多的粒子。

1965 年，两名天体物理学家彭齐亚斯和威尔逊发现了一种奇怪的辐射形式，这种辐射似乎是从空间各个方向均匀地入射到地球表面的。这些光子只有 0.000 2 电子伏的微小能量。现在我们知道，这种辐射在所有空间中均匀存在，甚至在遥远的星系间也存在。星系、恒星以及行星被光子海包围着。平均每立方厘米中有 400 个光子。我们的宇宙中包含的光子比电子或原子核多 10 亿倍。

图 4.7 美国天体物理学家彭齐亚斯(Arno Penzias)、威尔逊
(Robert Wilson)与他们的"光子探测器",该探测器像个老式的助听
器。1965年,他们证实了所有的空间中充满了均匀的、各向同性的电磁
背景辐射。平均每立方厘米中约有400个光子。因此,光子是宇宙中数
量最多的基本粒子。[承蒙贝尔电话实验室的希尔(Murray Hill, N. J)
惠允。]

　　天体物理学家假设这种光子海是大爆炸的遗留物,假设的大爆炸发生
在大约150亿年前,它不仅产生了所有的物质(如所存在的大爆炸灰烬),还
使整个空间充满了辐射。因此,光子不仅作为能量的转送者和载体是必不
可少的,它们还是宇宙中最丰富的粒子。

第五章　牛顿与爱因斯坦相会

　　两小时后,我和牛顿如约在三一学院的四方院碰面。我迫不及待地想知道我推荐的那篇文章他读得怎么样了。我到之后不久他就到了。从他所说的话中,我没法判断他反应如何。我有点忍不住地问:"这篇文章能满足你对光的好奇吗?"

　　"正相反,我的好奇反而增加了。有那么多的问题在我大脑中萦绕,恐怕还要花些时间我们才能讨论到相对论。"

　　我答道:"我可不这么看,那些问题中的大部分,特别是与光有关的那些,都直接或间接地与相对论有关。"

　　牛顿答道:"也许是这样,可现在我还没法断定。的确,读那篇文章时,我逐渐发现我最初的光理论所剩无几。爱因斯坦提出的在波动概念与我的理论之间的折中是令人难忘的成就。写《原理》时,我对这种折中有种模糊的想法,因为对我来说显然光的波动理论有它的优点。它对光的干涉和衍射现象提供了看似有理的解释。如果我对电学、原子与核物理学以及把光看作一种电磁波的思想再多了解一点……"

　　"亲爱的牛顿,没人会挑剔你没在你的《原理》中发表爱因斯坦的光量子假说。记住,爱因斯坦并不是靠纯粹推理得到他的理论的。由于数以百计的物理学家和工程师们已经积累了许多的实验事实,爱因斯坦才可能取得成功。这些人中最重要的是像你的同胞法拉第(Michael Faraday)或是德国物理学家赫兹这样的天才研究者。此外,实验和观测技术同时也得到了巨大的改进。没有这些进展,有关电和磁现象的这些实验可能就没法完成。在你所处的时代,都不可能做到那些。"

牛顿变得缓和了些:"是的,我承认在我那个时代研究技术尚有欠缺。你可能是对的;我写《原理》的时候,出现完整的光理论的时机还不成熟。顺便说一下,你朋友的文章使我对爱因斯坦好奇起来。请再多告诉我一些关于他的事。"

接着,我向牛顿简要地概括了这位伟大的物理学家的生平。我的听者显示出极大的兴趣,一直都没打断过我。

图5.1 爱因斯坦父母在慕尼黑阿德尔兹赖特大街12号的家,在战火洗礼中它得以保存下来。爱因斯坦父亲的工场就在后院。

1879年3月14日,阿尔伯特·爱因斯坦出生于德国南部的乌尔姆。一年后,他的家搬到慕尼黑。他的父亲赫尔曼·爱因斯坦(Hermann Einstein)和他的哥哥在巴伐利亚州首府开了一家小商店,经营电器设备。

在慕尼黑的勒伊特波尔德中学做学生的爱因斯坦,过早地对数学、自然科学和哲学表现出兴趣。15岁时,他与父母一起离开慕尼黑到了意大利。1894年,他父亲把公司迁到米兰。年轻的爱因斯坦为了取得上大学所必需的中学毕业文凭而去了瑞士;他在阿劳上了一年学,然后被著名的苏黎世联邦工业大学(ETH)录取为数理系学生。1900年他完成学业,获得了文凭,使他具有了"大学数学讲师"资格。

申请ETH的学术研究助教的职位失败后,爱因斯坦在不同的学校做了两年代课教师,然后于1902年进入伯尔尼专利局做文职公务员。他在那个职位上一直呆到1909年。很多年后爱因斯坦说,在专利局的那段时间是他一生中最快乐的时光。

对他来说,那是做出重大发现、从而在自然科学中引起划时代变革的时期。1905年,爱因斯坦在德国期刊《物理学年刊》(Annalen der Physik)上发表了几篇文章,就是这些文章开始给他带来国际声望。其中一篇"关于光的产生与转化的一个探索性观点"(A Heuristic View of the Generation and Transformation of Light),题目虽然朴实无华,可是这却为他的光子理论打下了基础,也使他获得了1921年诺贝尔物理学奖。另外两篇文章"论动体的电动力学"(Electrodynamics of Moving Objects)和"物体的惯性取决于它的能量吗?"(Does the Inertia of an Object Depend on Its Energy?),可谓狭义相对论的出生证。

1909年,由于他取得的成就得到承认,爱因斯坦获得了苏黎世大学理论物理学教授职位。1911年和1912年,他又接受了布拉格大学和母校ETH的教授职位。

爱因斯坦因接受柏林当时新成立的威廉皇帝学会极有声望的研究教授职位而达到了他大学生涯的顶峰。从1914年起,一直到他移居美国之前,他一直任职于此。

1933年希特勒(Hitler)上台执政之后,当时爱因斯坦碰巧在国外,于是他决定辞去在柏林的职位并且不再返回德国。他真的再也没回过德国,他于1955年4月18日在新泽西州的普林斯顿去世。他生命中最后二十年是在普林斯顿高等研究院度过的。

在与牛顿谈话时,我提到爱因斯坦在柏林那些年的一项重大成就——他创立了广义相对论,那是一种远远超越牛顿观念的引力理论。

完全可以理解,牛顿急切地想更多地了解广义相对论。不过,他同意了我的建议,即最好还是从1905年爱因斯坦发表的相对论的原始理论基础即通常所谓的狭义相对论开始。

停了一会儿之后,牛顿大喊:"我真想亲自和这位爱因斯坦谈谈!"

我被逗乐了,答道:"没有比这更好的了。我本人从没见过爱因斯坦。他1955年就去世了。"

牛顿笑了。"别忘了,年轻人,严格地讲我也并不在世了。但是我明白你的意思。我当然愿意到伯尔尼爱因斯坦曾经工作过的地方去看看。我想看一看他发展这种理论时所生活过的城市。这应该是可能的,毕竟,伯尔尼也是你的家乡呀。你也许感到奇怪,可我是非常认真的:我们一起去伯尔尼看看怎么样? 还有,能坐飞机去岂不是更好? 自从回到剑桥,逐渐习惯了现代生活,我就想坐飞机去旅行一次,那么何不就去伯尔尼呢? 你说过你有几天空闲,那我们一块飞过去吧。"

牛顿的想法有道理。我很想和他一起到我的家乡走一趟。

"好吧,我们飞到瑞士去。我建议我们坐伦敦到日内瓦的直航,然后乘火车去伯尔尼。在日内瓦我们还可以访问CERN(欧洲核子研究中心)。"

我们确实这么做了。就在那个晚上我们离开三一学院去了伦敦。牛顿中途在切尔西一家旅馆住下。我回去告诉我的朋友们,我突然改变了计划,我不飞往美国了而是要回瑞士。他们非常惊讶。当然,我并没告诉他们我遇到了牛顿。

第二天早晨,在希思罗机场的瑞士航班服务台我见到了牛顿。他非常欣喜地告诉我,他已经来了两个多小时,观察了航班往来和机场的情况。显然,他像个孩子似的盼望着飞往日内瓦。

两小时后,大约11点,我们的飞机开始在日内瓦宽特兰机场降落。牛顿临窗而坐,对高耸着勃朗峰的阿尔卑斯山脉的全景着了迷。我指给他看我们下面山脉的狭窄的出口,在那里罗讷河突破了侏罗群峰的重围。不久我们又飞掠日内瓦的西南郊区。在我们降落之前,我正好有时间指给牛顿看侏罗山脉脚下CERN所在的区域。

　　虽然CERN研究中心离机场并不远，我们还是决定推迟对CERN的访问，先坐火车去伯尔尼。我们驶进瑞士首都的铁路干线火车站时已是午后。

　　伯尔尼大学离火车站非常近。从火车站内乘电梯就可以直接到达我所工作的物理研究所。牛顿和我乘电梯上行到大学主楼前面的大广场，从这里可以看到伯尔尼城市和伯尔尼山地地区的山脉的壮观景色。这是个晴朗而又阳光明媚的日子，芬斯特拉峰和少女峰那被白雪覆盖的山顶闪闪发光。牛顿惊奇地凝视着这独一无二的景象；我告诉他这是他的同胞在100多年前"发现"的，他听了非常高兴，那是现代阿尔卑斯旅游业的开始。

图5.2　瑞士日内瓦的欧洲粒子物理实验室CERN鸟瞰。左侧的主建筑紧挨着超级质子同步加速器(SPS)环，该环是用来加速质子和反质子的。该环只能在照片上画一个圆来示意，这是因为该加速器实际上是处于地下隧道里。虚线表示安置大型正负电子对撞机(LEP)的地下环。

我们在校区快速地转了一圈,途中经过了我的实验室。由于现在是假期,周围没有什么学生。我们下楼梯去阿尔贝格小巷,在那儿牛顿登记住进了车站附近的一家旅馆。

由于要到研究所去看一位同事,所以我和牛顿分手了。我们约好一起在阿尔贝格饭馆进餐,那是很受学生和教职员工们欢迎的饭馆。几个小时

图5.3　克拉姆小巷49号（Gasse意思是狭窄的街道），在专利局
工作的那些年,爱因斯坦及其家人的住宅。就是在这里爱因斯坦提
出了他的狭义相对论和光的本性的基本思想（参见纪念馆的牌子,左
下）。爱因斯坦的旧寓所被保存下来作为一家小纪念馆。（承蒙伯尔
尼的爱因斯坦协会惠允。）

后我们离开餐厅时,美味的晚餐加上意大利美酒已经让我们进入一种兴奋
状态。

　　牛顿不想等到第二天才去看爱因斯坦的故居。因此我带着牛顿来到熊

苑广场,这是用伯尔尼的象征性动物熊命名的城市中心广场。从那儿我们沿着商业街经过都市剧院和有名的钟塔,来到我们寻找的克拉姆小巷。不久我们就发现我们已经来到了49号院门前,这就是20世纪初时爱因斯坦曾经住过的房子。这里就是相对论诞生的地方。

几乎没有人看不到爱因斯坦故居的正门,与伯尔尼市中心的很多地方一样,这里被很宽的拱廊保护着。入口对面的柱子上挂着个牌子,上面写着:"1903年至1905年,爱因斯坦就是在这所房子里创作了他关于相对论的奠基性论文的。"爱因斯坦的寓所在二层。20世纪70年代,伯尔尼的爱因斯坦协会租下该寓所并将它改成了纪念馆。

牛顿希望能马上看到这些房间。这里只在白天对公众开放,可我早就预料到他会有这种愿望并做好了安排。我的一个同事是爱因斯坦协会的活跃分子,他给了我一把钥匙。碰巧这几周纪念馆不对公众开放,因此我借来钥匙用几天没什么麻烦。几分钟内我们就来到了爱因斯坦的寓所里。

爱因斯坦在伯尔尼时期的室内陈设品已荡然无存了。这里只有与他的生活有关的照片、图画和文档,还有零星的家具。牛顿暗示说,也许我想到城里转一转,因为这里对我来说没什么新鲜东西要看;然后他就开始看展品了。我明白他是希望单独在那儿呆一段时间。我离开这所房子沿阿勒河散步,经过了联邦大楼,又去了旧城区。

我再次踏上通往爱因斯坦寓所的狭窄楼梯时已是一个小时之后了。令我惊讶的是,牛顿并不是一个人。他正用英语和人愉快地讨论,对话者浓重的口音显示他是个德国人,或者也可能是个说德语的瑞士人。

看到我时,牛顿笑着说:"也许你还记得在剑桥时我告诉过你,我是多么希望能由爱因斯坦本人而不是你来给我介绍相对论。我们来伯尔尼是件好事。我来给你介绍我们的主人,爱因斯坦先生。"

我感到困惑,仔细地打量了一下牛顿的同伴。我眼前的这个人,真的是对面墙上照片中站在专利局旧式直立桌子前那个人的活着的形象。这的确是真的爱因斯坦,年纪大约是30岁。他中等身材,宽肩膀,蓬乱的黑发和蓄留着的一撮小胡子衬托着他的大脑袋。炯炯有神的棕色眼睛是他的主要特征。这个人与墙上照片的唯一差别是，他穿的是一套时髦的多少有些旧的灰套装。

我们握了握手；爱因斯坦以不无嘲讽的语气说，以这种方式遇到伯尔尼物理学教授是多么开心。(他必定是在暗示当年他与大学教师间的紧张状态。)除此之外，牛顿和爱因斯坦的表现就好像我们三人在爱因斯坦的寓所中相遇乃是世界上最自然不过的事情。由于我在剑桥就已巧遇了牛顿，因此在伯尔尼邂逅爱因斯坦对我来说并不特别惊讶。我觉得在离开剑桥之前牛顿就预料到了这次碰面，这就是他坚持这次旅行的最好理由。

爱因斯坦倒是从容不迫。他说："我以前在伯尔尼时曾成立了一个学会，我们称之为奥林匹亚学会(Olympia Academy)。和其他这类机构不同的是，这个机构是有用的，至少对其成员是如此。最近我发现有机会重返伯尔尼一段时间，可我却没想到会在我的寓所里见到牛顿。我亲爱的牛顿，你愿意成为我们学会的一员吗？"

牛顿答道："太愿意了，只要你能给我讲些关于相对论的东西。我认为在这个城市里呆上几天，我们三人彼此会了解很多。为此我提议，我们恢复你们的老奥林匹亚学会，这会给我们的聚会以一个正式标志。"

我当然不会反对，尽管我确实感到与这两位物理学巨匠为伍有点胆怯。在这最后的1小时里，在伯尔尼的克拉姆小巷我们恢复了奥林匹亚学会。我们用爱因斯坦设法制造的一瓶蒙特普尔恰诺红葡萄酒庆祝了一番。

时间已经太晚了，于是我们决定去休息，明天早晨在此处爱因斯坦的寓所里碰头。我把牛顿带回他的旅馆，爱因斯坦和我们一起走了一段后就独自走了。显然今晚他不会回他的寓所，那里甚至连张床也没有。

第二天早上10点，我和牛顿到了克拉姆小巷49号，发现爱因斯坦正在等我们。我们为学会的第一次会议做好了准备。爱因斯坦对我说："我和牛顿都处于类似的处境，我们俩都是突然间被移植到这个时间空隙里的。许多日常的事情如今在我看来却不可思议，不过与牛顿相比我倒还好一些。

图5.4 伯尔尼的奥林匹亚学会创立者。从左至右分别为：哈比希特(Conrad Habicht)、索洛文(Maurice Solovine)、爱因斯坦。(承蒙伯尔尼的爱因斯坦协会惠允。)

从我最初在伯尔尼到现在的间隔比牛顿相应的时间跨度要短多了。过去这几天我试图弄清这段时间究竟发生了什么事。我所专注的自然是物理学方面的，我得益于充分利用物理系的图书馆，不过我承认我还没取得多少进展。现在我告诉你这些是因为，我担心在我们的讨论中牛顿会提些我没法回答的问题。我要靠你来帮我解决。"

当然，我同意做我力所能及的事。"首先，牛顿想了解更多关于相对论的东西。在这一点上你的回答将是他最需要的。我们何不请艾萨克爵士开始呢?"

第六章　光速乃自然常量

　　牛顿以讲述他对光速是个常量的疑问为开场。很显然,自从我们离开剑桥后他就一直在思考这个问题。现在他求助于爱因斯坦。

　　牛顿:光怎么可能总是以相同的速度传播呢? 在我的力学中并不是这样的。如你们二位所知,物体的速度取决于观察者。如果观察者改变其速度,那么被观察物体的速度必定也会改变。任何物体的速度都只能是相对的。它不仅取决于物体本身,还取决于观察者的运动状态。为什么光就应当不一样呢?

　　这可不是我对光的唯一疑问。离开剑桥之前我们就讨论过你的光量子理论。它显然是两类解释的一种综合:一方面用我本人的粒子的观念对光做出的解释,另一方面则是依据波动说做出的解释。爱因斯坦先生,我应当祝贺你在那方面所取得的成就。不过,如果光至少部分地是一种波动现象,我想知道它是在什么介质中运动。大海的波涛是以水面作为它们的介质,声波借助的是空气。那么,光的介质是什么呢?

　　此外,我已经知道,光代表一种电磁现象,而且光线、X射线和无线电波之间不存在质的差别。它们都是电磁波,唯一的差别只在于它们的波长。

　　如果存在某种介质比如以太,电磁波能在其中传播,那么,物体运动的方式肯定会与以太有关。只有在相对于以太是静止的参考系中测量光的传播速度时，你才能说光速是个常量。这样的系统我可以接受。这与我的绝对空间的想法是一致的，那么绝对空间就会由这种电磁以太来确定。因此我的问题是：以太存在吗？

爱因斯坦聚精会神地听牛顿说着。他犹豫了一下才回答。

爱因斯坦：艾萨克爵士，我明白你的异议。同样的这些问题也曾在我的脑海中萦绕了多年。但有些其他问题使我从16岁起就一直忙于搞清楚它们。直到1905年我才找到问题的答案。当观察者本身以光速追逐光波时会发生什么事情呢？

对海洋的波浪来说，这轻而易举就能实现。前天在一部电影里我看到有人在参加一项称为"冲浪"的现代运动，人站在一块板上"乘"浪前行。他运动的速度和海浪相同。假设我们可以在光波上冲浪，在我们的参考系中我们能观察到什么呢？我们至多能观察到我们这个波的波峰和紧挨着的那个波峰，而且这些看起来会是静止的。我们看到的这个画面将会是静止的，这与一个静止的观察者观察以光速经过的光波时所看到的情况有根本的差别。

牛顿：那似乎确实很奇怪。就我所知，电磁现象可以很好地用数学来描述；犹如在我的力学中，参考系并不扮演任何角色。定性而言，在所有参考系中，光波看起来都应该是相同的。在某种情况下你得到的是一种动力学图像，传播的光波在运动，而在其他情况下你得到的是不随时间变化的、就像墙上的画一样静止的图像，这似乎很奇怪。有些东西在此处看起来并没有意义。由于某种尚待确定的原因，也许在光波上"冲浪"是不可能的。

牛顿的论述使我笑了，而爱因斯坦冲我眨了眨眼。我们两人都意识到

牛顿的思路对头了。

爱因斯坦：你刚才所说的相当接近真理，或者说相当接近我的相对论。我们很快就会明白不会有诸如在光波上冲浪这样的事情。但首先让我们先回到以太的问题上，由于各种原因，这个难题曾令19世纪末的许多物理学家忙得焦头烂额。

哈勒尔：你正要讲的可能是迈克耳孙（Albert Abraham Michelson）和莫雷（Edward Williams Morley）的实验结果吧？

爱因斯坦：是啊，但又不止于此。我们还是先谈谈那个实验吧。该实验是基于一个非常简单的想法。如果存在像以太这样的东西，你们就可以预料到，地球在绕太阳旋转的同时会在以太中运动。毕竟，地球是以30千米每秒的速度在空间运动。更精确地说，我们是在太阳处于静止状态的参考系中观察到这个速度的。

现在，如果相对于太阳来说以太是静止的，那么地球相对于以太的速度就将是30千米每秒。地球上的观察者就会感到一阵阵强烈的以太风吹在脸上。当然，他可能意识不到这一点，因为我们假设的是当地球在以太中运动时没有摩擦。否则，以太风早就会使地球围绕太阳的转动停下来。

我们已经假设了太阳相对于以太是静止的。但即使不是那样，我们也不可能不用以太风，这是因为地球运动的速度——它的定向速度——在一年当中是不断变化的。在初夏时地球运动的方向与初冬时相反。因此整个一年中以太风都会存在；如果真是这样，我们只能假设它与地球一起环绕太阳运行。

牛顿：这就变得很清楚了，我们可以测量以太相对于地球的速度。你们只须在不同方向上以及在一年中的不同时间测量地球上的光速即可。

爱因斯坦：祝贺你！你恰恰重建了迈克耳孙和莫雷实验的基本原理。但请允许我对这一重要实验的历史说几句：迈克耳孙是美国物理学家，还在上大学时他就给自己布置了证明以太风存在的任务。早在1881年在德国柏

图6.1　美国物理学家迈克耳孙(1852—1931)(左)与爱因斯坦
(中)及加州理工学院院长密立根(Robert A. Millikan)(右)。这张照片
摄于20世纪20年代末,当时爱因斯坦正在加州理工学院做访问教授。
(承蒙加州理工学院惠允。)

林的亥姆霍兹研究所实习期间他就做了第一次实验。那是一次比较粗糙的
实验,他的结果也不那么确定。

后来迈克耳孙回到美国,与他的一位化学家同事莫雷进行了一次更加
精细的实验。实验结果毋庸置疑。这个实验从1887年就开始进行。这两位
科学家制作了一件仪器,它能测量出光线在不同方向运动时速度间的非常
小的差别。

牛顿:你能告诉我这种仪器是什么样的吗?

爱因斯坦没有答话,而是找了张纸开始在上面画草图(见图6.2)。

爱因斯坦:这个实验的思想是对比沿不同方向运动的两束光线的速
度。假设我们从一个特定光源产生光,并把这束光设置成单色的,即为某种

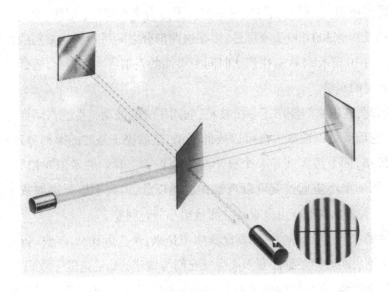

图 6.2 迈克耳孙—莫雷实验草图。单色光束从左边的光源出发,然后被镀银的平面镜分为互相垂直的两束。这两束光被两块平面镜反射后再重叠在一起。所得的光子束是用一个观测望远镜来分析的。通过利用像圆形插图中所示的结构的干涉现象,即使是两束光传播速度间的最小差别也可以被检测出来。

特定的颜色。这束光,比如说,向右传播并被玻璃平面镜分为两半。一半光穿过玻璃继续沿最初的方向行进。另一半被以90°角反射,并沿与最初方向垂直的方向行进。在各自方向上行进几米之后,两束光线都会被另外两块平面镜反射回来。返回的两束光线在最初的玻璃平面镜的镀银表面再次相遇,而且部分光会被偏转到一边射向一个望远镜,通过望远镜就可以观察到这些光线。

牛顿: 现在我们看一下:如果两束光线的光粒子以不同的速度传播,在最终的观察点我们就能检测到它们到达的时间略有不同。一部分光会到得早一些,另一部分稍晚一点。可是为什么你们要用一个特制的望远镜来观察呢?难道用一只精确的时钟来做就不行吗?

爱因斯坦：从原则上讲你是对的。可是有个小问题：记住，我们正在处理的速度约为300 000千米每秒，而在这两部分之间可预料的差别的数量级可能只有30千米/每秒。在到达时间上可能的差别将会很微小，远低于时钟所能测量的水平。

因此，这里我们使用了一个技巧，利用了光的波动特性。当两束光波相遇时，它们既可以被放大也可以彼此抵消，这取决于是波的哪部分重叠，是两个极小，两个极大或是一个极小与一个极大。我们的术语叫做"干涉现象"。用一个小望远镜就可以观察到这类现象，但我不想再讲细节了。总之，用这种方法我们就可以观察并测量很小的时间差。

牛顿：爱因斯坦先生，你真让我痛苦！来，快告诉我真相吧！迈克耳孙和莫雷测出的时间差到底有多大呢？它们与地球的轨道速度一致吗？

爱因斯坦（恶作剧般地笑着并一字一句地说）：结果是零。没观察到任何差别，尽管实验精确得即使地球只以5千米每秒的速度在空间运动也足以注意到以太的效应，何况地球的实际速度是30千米每秒。

牛顿：那就意味着光速终究是个常量了……

他讲话时有气无力，极力想掩饰他的失望。

爱因斯坦：艾萨克爵士，在每个参考系中光速都是相同的，它是个自然常量。空间中的每一处，在地球上与在遥远的星系中完全一样，光是以相同的速率在传播。

牛顿（变得脸色苍白）：我的天哪！光真是一种荒唐的现象！这看来是不可能的。光传播的速度怎么会在所有参考系中都相同呢？想想你们的光波冲浪者吧。假设真的有人以与光波相同的速度冲浪前行，难道那不意味着光在他的参考系中没法以300 000千米每秒的速度传播吗？如果光波的观察者以超过光速的速度运动，又会出现什么情况呢？他就不得不超过光波，因此在他的参考系中光就会沿反方向仓促退行。可是，如果我正确理解

了你的意思,上述情形就是不可能的。这必将直接与我的力学定律矛盾。爱因斯坦先生,我必须承认,这若非不合逻辑,那么就是荒唐透顶的。请原谅我这么粗鲁地大喊大叫……

爱因斯坦同情地微笑着、听着。他不愿作答,因此我接过话茬。

哈勒尔: 牛顿教授,你刚才讲你认为光的行为是荒唐的。我要强调的是,不仅是光,还有普通物体的运动也要受那种荒唐行为的折磨。我们已经发现,你的力学定律并不是严格的,而只是近似的。物体运动得越快,则偏差就越大。可是,只有当物体的速度与我们现在所知的 299 792 458 米每秒的光速相当时,这种偏差才显著。

牛顿: 换句话说,行为荒唐的并不只是光而是自然界中的所有东西?

爱因斯坦: 我亲爱的牛顿,当你的力学定律遭到质疑时你该是多么失望,这完全可以理解。可是我请求你保持头脑冷静。实验已经证明了,光速是自然界的恒定常量。绝没有其他可能性。

牛顿: 这正是我的难题。请告诉我,怎样才能接受光速不变性? 如果光速不变是正确理论的必要条件,我准备在我的力学定律中做适当的改动。那是我可以接受的。可是,当你说存在一个普适的光速时,我相信你否定的不仅是力学定律,而且更糟糕的是否定基本的空间和时间定律。

哈勒尔: 不是基本的空间和时间定律,而是**你的**空间和时间定律。

牛顿(嘲讽地)**:** 我亲爱的先生,你的意思是说人们只有通过改变空间和时间的结构,才能理解光的荒唐行为?

爱因斯坦: 艾萨克爵士,这正是他的意思,而且这也正是我在1905年所提出来的观点。这就是自那时起被称为相对论的东西。只有当你重新定义了空间和时间的概念,你才能理解光。

听了这些话,牛顿的脸色变得更加苍白。他看起来完全惊愕了,考虑到爱因斯坦的话带给他非同一般的冲击,他的反应是颇能理解的。

我们坐在那儿沉默了一会儿,爱因斯坦心不在焉地随意画了一些抽象的草图,在他的安乐椅上放松了一下。最后,牛顿快速地看了一下手表,然后说:"先生们,我想我需要一点时间来消化一下我刚才所听到的东西。快到午饭时间了,让我们休息一下。我想到河边散散步,然后也许我们可以在阿尔贝格饭馆再碰面共进午餐。"

我们同意了,不久牛顿就离开了爱因斯坦的寓所。

第七章　事件、世界线和佯谬

午饭期间我们没再谈物理学;可是,从牛顿的脸上你就可以看出,他已经想出了关于光速的恒定性及其后果的所有类型的问题。而另一方面,爱因斯坦则是情绪高涨;他给我们讲了许多他在伯尔尼期间的故事来助兴。他总是不断地提到原来的奥林匹亚学会,其成员显然缺乏一个学会成员应有的威严和庄重。他还谈到他们一起对图恩湖和其他地方所做的许多游览。于是我提议,我们应该利用这么好的天气安排自己做一次类似的出游。爱因斯坦爽快地同意了,牛顿也不反对。

午饭后我们沿着阿尔贝格小巷穿过熊苑广场,步行回到爱因斯坦的寓所,然后开始我们下午的学术会议。我很难阻止牛顿用一连串问题和疑难对爱因斯坦进行连珠炮式的发问。爱因斯坦和我达成共识,认为我们首先应该让牛顿熟悉理解相对论所必需的许多概念和思想。爱因斯坦充当了讲师的角色。

爱因斯坦:先生们,在正式讲相对论之前,我想先解释几个在其中起重要作用的概念。这些概念也可以在经典力学——艾萨克爵士,也就是你的力学——的框架中讨论。

让我们再次考虑空间和时间。如你们所知,在我们的宇宙中空间是3维

75

的。那是我们从直接观察中推断出来的事实。数学上这意味着,空间可以用3维坐标系来描述。空间中的每一个点可以用3个数字即3个坐标来描述。我们不知道空间为什么是3维的,至少我不知道非这样不可的任何理由。抑或现代物理学是否已经有了答案?

爱因斯坦向我提出了这个问题,我也只好来回答。

哈勒尔:还没有。就我们所了解的,空间可能会超过3维,而不会使物理学定律没有意义。但我敢肯定,总有一天会找到你的问题的完整答案。我们的世界以及空间的结构可能会由物理学基本定律的结构来决定,可是我们并不完全知道这些定律。我特意用了"可能"这个词,因为我们对此还没有把握。空间的3维特性可能或多或少是在大爆炸之后不久偶然演化而来的。实际上我自己也摆弄过那种想法,可我也提不出什么具体的答案。

爱因斯坦(显然是消遣性地):牛顿,你怎么看呢?我认为我们可以有把握地说,物理学家尚不知道空间为什么是3维的。看来还有些工作需要我们去做。我们认真一些吧。我们把空间是3维的这一点当作事实。而另一方面,时间则是一维的;它由一个数字唯一地确定。

牛顿(插话):在《原理》中我特意谈及了绝对空间和绝对时间。我曾想象我可以在空间任一点放一个时钟。我还可以假设,在某一特定时刻,所有时钟都显示相同的时间。这些时钟的总体就能描述一个统一的时间,在空间各处一齐滴答作响;我可以把这看作绝对时间。我们测量时间所用的单位当然是不相干的,不论是分钟、小时还是这些单位的任意分数都一样。

爱因斯坦(打断牛顿):够了,够了,牛顿!我们都知道你的绝对时间的思想。我想得到的是空间与时间的某种统一。让我们把时间看作一个新的、独立的坐标,大致相当于空间的3个坐标。

牛顿(又插话进来):请等一下,爱因斯坦先生。那到底意味着什么呢?你的意思不是要主张把时间作为空间的一部分吧?我必定会坚决反对。空

间就是空间,时间就是时间。你不能把它们混为一谈。那就好像是把苹果和橙子混淆起来一样。

爱因斯坦:这里要注意!没人说把空间和时间混淆起来,至少现在还没说。

牛顿(有点生气地):我希望我们能一直那样。

哈勒尔:噢,艾萨克爵士,恐怕不久我们就不得不谈到那种混合了。

爱因斯坦(冷静但却坚定地):放心,放心,我亲爱的同僚们!我并没建议时间坐标应该成为第四维空间坐标。我们只是除了3个空间坐标以外又引入了时间坐标。那不会使空间成为4维的。这只不过是定义了空间和时间的一种连续区,即我们所谓的时空。时空是一种(3+1)维结构,如此这般的原因仅在于我们不能简单地把3加上1变成4。

我想给出这种时空连续区的一个简单例子。假设我们描述的是沿空间坐标系的x轴行进的宇宙飞船的运动。这种描述不是限定的;我们总可以通过变换或旋转做到这一点,因为我们知道宇宙飞船无论如何都是沿直线运动的。这里的优点是我们可以轻易地省略其他两个空间坐标y和z。这两个坐标沿着宇宙飞船的轨迹都是零,因此它们与某一特定时间对宇宙飞船的位置的描述无关。

牛顿:你只是把问题变成一维的了。

爱因斯坦:正是这样。你马上就会明白为什么这很有用。现在我们可以沿着轨迹,通过在x轴上标记每个点并标记宇宙飞船经过时所对应的时间点来描述宇宙飞船的运动。换句话说,我们制作了一个像铁路时刻表一样的时刻表。

将时间作为一种特定坐标引入进来还有另一种方法。在这种方法中,我们需要一个非同寻常的坐标系,即把空间的x轴与时间轴结合在一起。

爱因斯坦开始在一张纸上画出一个坐标。

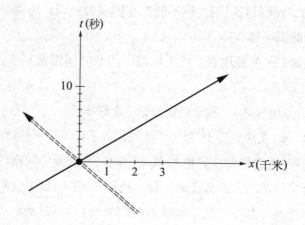

图7.1　2维时空连续区的几何表示,包括一条空间轴 x(单位是千米)和一条时间轴 t(单位是秒)。处于位置 $x=0$ 及时间 $t=0$ 的一艘宇宙飞船会沿着所示的黑粗直线运动。双虚线表示在相反方向的一个类似运动。

爱因斯坦:我给每一个空间点以一个对应的时间坐标,表示宇宙飞船通过点 x 的时间,我现在要用这种方式来描述宇宙飞船的运动。结果在我们的2维坐标系,或者更准确地讲是 $(1+1)$ 维坐标系中呈一条直线。用这种方法描述宇宙飞船的运动有一个明显的优点,即要找出在特定的时间宇宙飞船在何处,我们不必再去沿轨迹查找时间。我们不再需要宇宙飞船运动的时刻表;我们只要读出时空直线上每点的 x 坐标和时间坐标即可。

牛顿:真是个窍门。我必须承认,你的时空坐标系意味着空间与时间的一种有趣的综合。你的坐标系中的每一点现在不再代表空间的某一点,而是代表在特定的时间 t 时的特定空间点 x。对我来讲,这是一种非同寻常的描述方法,可看来是合理的。

哈勒尔:顺便说一句,对我们的坐标系中的这些点我们有一个专门的名称。我们称之为事件(event)。每一个点为一个事件。比如,牛顿1642年12月24日出生于伍尔斯索普这个事件就确定了这么一个点,即 x 等于伍尔斯索普,t 等于1642。

牛顿(微笑着):那是个我几乎已经记不得的事件。可是,爱因斯坦先生,请你继续讲吧。我能看出来你迫不及待地要继续讲解你的时空。

爱因斯坦:在时空中,宇宙飞船的路径是一条直线。它表示宇宙飞船经过空间各点时由时间确定的一连串事件。

在普通空间坐标系里,一个物体的位置只由它所在的地点决定。而另一方面,在时空系统中,物体定义了一条线,即物体所经过的一连串事件。一条这样的线或系列就是所谓的一条世界线(world line)。它包含了一个物体在过去、现在以及将来的运动的所有信息。

牛顿:我猜想"线"这个名字是刻意挑选的。你的意思是说它不必是条直线?

爱因斯坦:的确是这样。我们的宇宙飞船的世界线是一条直线,这是因为,根据牛顿的惯性定律,它是以恒定的速度在空间运动的。这条直线没有起点也没有终点。为简单起见,我们将假设,我们的宇宙飞船的运动没有开始也没有结束。当然对真正的宇宙飞船并不会是那样的,它必定是在某个时间建造的。

我还想提到另一种特殊情况。假设在特定的坐标系中宇宙飞船静止于点X处。在这种情况下,世界线也是一条直线,可这条直线却与时间轴平行

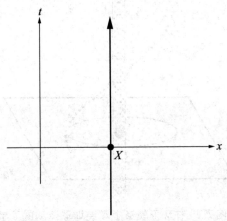

图7.2　一个位于点X处的静止物体的世界线看起来为平行于时间轴的一条直线。这里所示的又是只有一个空间轴;在3维空间,该点将会有3个坐标(通常称为x, y, z)。

并在点X处穿过空间轴。

在空间做非匀速运动且不在一条直线上的物体的世界线显然不是一条直线。比如,以环行轨道绕地球运动的卫星的世界线是螺旋形的。

其他许多种曲线也可以作为世界线出现。在一张纸上难以描述它们,因为像卫星的运动一样,它们的运动可以出现在3维空间。为了完整地描述这些世界线,我们可能需要一张能画下4维的纸,3维画空间、1维画时间。当然,这是不可能的。即使是一个3维的模型也没法真正帮上忙,因为我们没有办法表示时间。而另一方面,要描述这种$(3+1)$维时空中的世界线,对数学家来说毫无问题。

哈勒尔: 我应该提一下,并不是所有可能的曲线都可以解释为物理实体

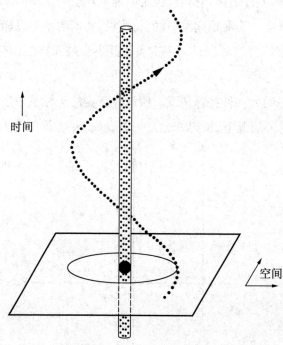

图7.3 在环形轨道上环绕地球运动的卫星的世界线,它是一条围绕着地球的笔直的世界线的螺旋线。注意,地球的绕日运动被忽略了。空间被表示成2维的平面,平面上呈现出了卫星的环形轨道。卫星的世界线在圆圈的一点穿过这个平面。

在时空中的世界线。在普通的空间坐标系中,每一条可以想象得出的曲线都可能是某个物体的轨迹。而另一方面,在时空中,物体永远也不可能沿着诸如圆周这样闭合的世界线运动。

牛顿疑惑地看着我,思索了一会儿。

牛顿:有道理。毕竟,那样一条世界线就表示一个物体在某一给定时刻可能通过两个不同的空间点。对同一个物体这当然不可能。我断定,时间保持不变时,只有在任何特定的时间点有且只有一组空间坐标的那些线才可以成为物理实体的世界线。

哈勒尔:这可以说是一种理解方法,而且在数学上也是正确的。

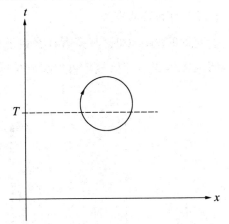

图7.4　时空连续区中的一个圆圈是具有质量的物体不会有的世界线的一个例子。我们看到,在给定的时间,比如 T,虚线包含所有同时发生的事件,它会横穿这条世界线两次。这是不可能的,因为一个物体在同一时间不可能处在两个地点。

爱因斯坦(又接过话茬):我相信我们对时空已讨论得足够多了。大致说来,牛顿先生,对你而言已没什么新东西了,因为到目前为止我们的讨论严格基于你的力学。现在我想撇开这个话题,开始讨论光的问题。

爱因斯坦又拿起那张纸,在上面画了一个时空坐标系,只用 x 轴来代表空间(见图7.5)。

爱因斯坦:与其他任何点一样,这个时空坐标系的原点表示一个事件,一个空间和时间坐标均在零点的事件。现在,我们允许某些事情在这个事件点实际发生,比如说,我们让手电筒发射一个光信号。这个信号将以 300 000 千米每秒的光速传播。

下一步,假设在距原点某一特定距离的 x 点处,例如 x 等于 300 000 千米,安排一个观察者。他的工作就是寻找光信号。这个处于静止状态的观察者的世界线将是一条平行于时间轴的直线。

信号发出的一瞬间即时间 $t = 0$ 时,观察者什么也没有看到。只有当所发射的光子到达他所在的地点(x)时,他才可以看到信号——在本例中,是

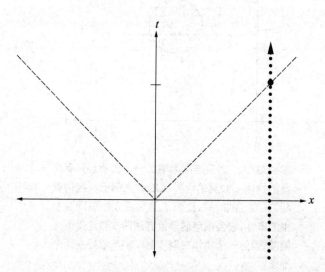

图7.5　一个光信号从事件点 $t = 0$,$x = 0$ 处发出,在 $t = 1$ 秒时到达距离 300 000 千米的观察者(如在时间轴上所示)。在事件点,光信号的世界线(虚线)与观察者的世界线(点线)相交。

在1秒$(t=1)$之后。

牛顿用手托着自己的头,专注地听着爱因斯坦的话。

爱因斯坦: 挨着观察者的世界线,我们可以画出光信号的世界线。由于我们眼下局限于讨论一维空间,所以光信号将从正向和负向沿x轴传播。毕竟,只有前进和后退两个方向。沿正向轴运动的光子是在1秒以后到达观察者那儿。它们的世界线会与观察者的世界线交叉。光信号的世界线因此是一条直线,而且对于以光速离开原点的任何有质量的物体都是相同的。

牛顿(正在思考爱因斯坦的草图):如果真像你所说的那样,光总是以300 000千米每秒的速度运动,那么在时空中光子的世界线在与时间轴成特定角的角度上总是一条直线。在你的草图中,你选择的单位正好使角度为45°。只有当你的时间单位是1秒,空间单位不是1米、也不是1英里(约1.6千米)或1千米,而是光传播1秒所走的距离即300 000千米时才会是这样。

哈勒尔: 有道理。光在1秒内走过的距离称为1光秒(light second)。它对应的距离大约是从月球到地球这么远。对天文学家来说这是很小的单位,他们喜欢用光年(light year)思考。1光年就是光在1年中所走过的距离。爱因斯坦在他的草图中所选用的长度单位是1光秒。

爱因斯坦: 牛顿,你是对的;光在时空中的世界线的确是值得注意的。为简单起见,我假定光信号从我的时空坐标系的原点出发。光子沿着从原点向右和向左的两条世界线运动。

现在假定我们并不忽略所有其他的空间维度。我们再增加一维,比如可以用y轴来描述。费一点劲,我甚至可以在纸上给出图示。

爱因斯坦开始画有2维空间坐标加上时间坐标的(2+1)维时空的草图(见图7.6)。

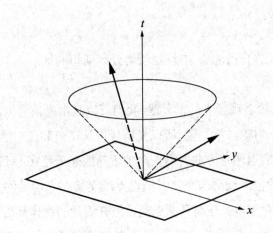

图 7.6 在 (2 + 1) 维时空中的光锥(light cone)。两个箭头表示两个事件,一个在光锥里面,一个在光锥外面。

爱因斯坦:我再次假设有人在时间 $t = 0$ 时从位置 $x = y = 0$ 处,即从时空坐标系的原点发射一个光信号。现在光可以在 2 维 x-y 空间,即一个平面上,沿任意方向运动。它不再被限制在两种可能的方向上,而是可以在无限多个方向上运动。因此我们不能再说所发出的光是沿着一条世界线运动;而应该说光拥有整个事件平面。这个平面表现为顶点在我们的坐标系原点的一个圆锥体。

牛顿:我发现这很有意思,这个光锥,如果我可以这么称它的话,它把整个时空分成了两部分。一部分是光锥外的事件,诸如在 x-y 平面中在时间 $t = 0$ 的那些。另一部分是在光锥内部的事件。借助于对应着以小于光速的速度运动的物体的轨迹的世界线,这些内部事件点可以与原点相连。为了将原点与光锥外面的点连起来,我们需要以大于光速的速度运动的物体的世界线。

爱因斯坦:祝贺你,牛顿! 你这么快就成为时空专家了。你立刻也会成为相对论专家的。你对光锥的理解非常正确,光锥对时空结构的意义应归结为光速的普遍意义。而且,借助光锥将时空分为两个部分,这在物理学中具有最为重要的意义。可是现在讨论它还为时过早。我们现在只指出,只有在我们的(2+1)维时空的例子中,光锥才是一个真正的圆锥。在真正的(3+1)维时空中,我们必须处理包括从原点发出的光信号所能达到的所有事件的广义光锥。由于光可以沿所有3个空间方向运动,因此我没法在纸上画出广义光锥的结构。

牛顿:爱因斯坦先生,我认为你给我的赞许真是太多了。到此为止,我们所讨论的东西没有什么是不能在我的《原理》中讨论的。唯一新的东西就是光速的不变性,或者更确切地说,所谓的光速不变性。我仍然没法相信,光以相同的速度运动,而与参考系无关。而且我相信,我能向你们二位证明这是不可能的。昨天晚上我有了个想法,而且我们今天所讲的关于时空的知识使得这个想法更加清晰。因此,先生们,我请你们注意。

爱因斯坦转向我微笑着。他给我的印象是他已经确切地知道牛顿想讲什么。

爱因斯坦:我们非常好奇,艾萨克爵士。你的理由是什么?

牛顿:准确地讲,我有两个理由。先说第一个。假设我们在空间某处观察宇宙飞船的运动。这艘宇宙飞船以300 000千米每秒的光速经过我们。我也认为,要把宇宙飞船加速到那个速度很困难,可我们在此不讨论技术问题,我们感兴趣的只是原理。

现在,让一个光信号从宇宙飞船上朝自身运动的方向发射出来。先生们,此处就有了我反对光速不变的理由。如果光速在每个系统中都是常量,那么在运动的宇宙飞船的静止系统中它也应该是不变的。因此光信号会以所谓的恒定光速飞离宇宙飞船。

然而,在我们自己静止的情况下观察这一切,我们会察觉什么呢?所发射的光信号和宇宙飞船都在空间以光速运动,即沿着平行的轨道以同样的速度运动。我们不得不得出这样的结论,即光信号不能离开宇宙飞船。可这又与我早些时候所讲的与宇宙飞船有关的话相矛盾。因此,这里就存在一个矛盾,必定是有什么东西错了。我认为错的是光速不变这个假设。

爱因斯坦(清了清他的嗓子):艾萨克爵士,在你所描述的情况下有矛盾,这点我同意。可是,我并不准备接受你的关于光速不变假设是错的这一结论。还有另外一种解决办法。

牛顿(皱着眉):还会有什么解决办法? 你不会对我说,宇宙飞船不允许以光速在空间运动吧?

爱因斯坦(目瞪口呆地):你怎么会知道我正要讲的话呢? 的确是这样的,宇宙飞船不可能以光速运动。

我的印象是,牛顿早就期待着爱因斯坦的回答。我的猜测很快就得到了证实。

牛顿:我同意,从原则上讲,只有在可能将宇宙飞船或其他能发射光信号的物体加速到光速的情况下,我的理由才成立。如果宇宙飞船等不可能以光速运动,就不存在矛盾。

那么,爱因斯坦先生,如果我理解得不错的话,你是说不可能把一个物体加速到光速?

爱因斯坦:正是如此。在相对论中,或者你也可以说,在自然界中,光速扮演了一个十分重要的角色。由于已经从实验上证明了在任何参考系中光速都是相同的,因此对于你所引入的佯谬(paradox)只能有一种解,即从原则上讲物体不可能以等于或大于光速的速度在空间运动。这绝对不可能发生。所有物体都以低于光速的速度运动。

牛顿看起来不太高兴。显然他不太喜欢爱因斯坦的回答。

牛顿:你怎么能坚持说没有宇宙飞船能被加速到光速呢? 我承认从技术上讲会很困难,可从原则上讲那是可能的。甚至不需要是一艘宇宙飞船。取一个非常小的物体,比如说,一个原子甚至是一个原子核,把它加速到很高的速度应该不太困难。你仍然声称没办法把这样一个粒子一直加速到光速甚至超过光速吗?在我的力学中,那样做当然不会有任何问题。

哈勒尔(插话进来):艾萨克爵士,根据你的力学可以做到这点,这没人怀疑。你可以轻松地在10秒内把一辆小汽车加速到100千米每小时。如果你每10秒重复一次这个过程,你就可以期待着,加速相当长时间后就可以真正达到光速。

可是现在我们知道,你不能一直重复这个加速过程。在高速,更准确地说,在速度达到光速的量级的情况下,现在已证明你的力学定律就不再成立了。它们必须用相对论的定律来取代。根据后者,继续加速诸如我们所讨论的小汽车这样的物体会变得越来越困难。它的速度越接近光速,用来提高其速度所需的能量就越多,即使仅提高很小量的速度也是如此。而且,你永远也不可能达到光速,这是因为这么做需要无穷多的能量。

爱因斯坦:是这样的。我们还可以用另一种方式来说同样的事情。一个物体会需要无穷多的能量才能以光速运动。这就是为什么不存在这样的物体的原因,任何特定物体的能量都是有限的。

哈勒尔:艾萨克爵士,让我给你举个例子吧。前不久我们在日内瓦降落时,我就指给你看欧洲核子研究中心的园区。CERN庞大的机器是用来加速氢原子的原子核即质子的。这些粒子带有一个正电荷,因此它们在一个几千米长的真空管中环绕时可以被强大的电磁场加速。如果无论质子运动的速度多快你的力学定律都保持有效的话,那么CERN的加速器就能把它们加速到超过光速。可是,并没有发生这种事。这些质子总是以低于光速的速度运动,尽管它们的速度比光速只差1%。

牛顿突然起身,在屋子里踱着方步。大家沉默了很长一段时间。

牛顿:这太奇怪了。我从没想到过光速在自然界中扮演了这样一个重要的角色。可在此处光速是怎样发挥作用的呢？CERN的质子与光没有任何关系。它们对于使其无法超越的光速又知道些什么呢？光速似乎不仅是表示光在空间传播的速率。

爱因斯坦：牛顿，你讲得完全正确。大致说来，从这个词的真正意义上讲，光速是一个恒定的自然常量。如我们此前所述，它对时空结构具有最重要的意义。你可以称之为普适的或者基本的速度。光以这个速度传播的事实只具有第二位的重要性。光速同看似与光没什么关系的每一事物都有关系，包括构成我们身体的原子。

哈勒尔(转向牛顿)：很有可能，还存在其他粒子——中微子(neutrino)，与光子即光的粒子一道总是以光速运动。这些粒子是电中性的，而且与电子有关，我们可以称之为电子的中性兄弟。它们产生于某种核反应。

牛顿：为什么你说"可能"？你还不能肯定吗？

哈勒尔：还不能肯定。我们还不知道中微子是像光子一样没有质量还是确实有些质量。*如果它们确实有质量，它们就不能以光速运动，只能比CERN的质子速度更快一点。不管怎样，我试图在这里强调的是，"光速"是个有些模棱两可的术语，正如爱因斯坦早先暗示的那样。有人也可能选择说"中微子的速度"，这也会是片面的术语。毕竟，我们所涉及的是自然的基本常量，而且没有任何速度能超过这个常量的事实与光或者中微子都没有关系。它植根于时空的特别结构之中。

有一段短暂的沉默。我们抓不住论题了吗？接着爱因斯坦又说起来。

爱因斯坦：牛顿，不久之前你提到反对光速不变的第二个理由。那是怎么回事？你想对我们隐瞒吗？

牛顿：根本不是，我正要提到这个话题呢。可是我得承认，我不会忘记

---

* 近年来的太阳与大气中微子振荡实验结果表明，中微子确实存在极其微小的静止质量。——译者

你所讲的有关光速的含义。现在我并不像1小时之前那么肯定我的第二个理由是合理的。这仍然是我的论点或者更确切地说是我的思想实验（thought experiment）。假设我们位于外层空间并观察经过我们的3艘宇宙飞船。这个船队应该以任意恒定的速度沿直线运动。假设这3艘飞船速度相等且小于光速，让中间这艘成为主控制的指挥船，前面的宇宙飞船与后面的都与中间指挥船的距离相等。

在某个给定时间指挥船发出一个信号。从与宇宙飞船等速运动的观察者，比如说指挥船上的一个乘客的立场，我们很容易来描述它。光信号离开指挥船，过了一会儿到达两艘护航船上。信号同时到达。让我强调一下：它们同时到达。

爱因斯坦微笑着转向我，同时眨着眼睛。我们两人都明白牛顿在使用"同时"这个词时的用意。

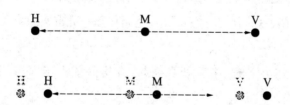

图7.7 3艘沿直线匀速运动的宇宙飞船M,V和H。假定M到V与M到H的距离相等。一个光信号同时从M向V和H方向发射。一个在M上旅行的观察者看到信号在相同时间到达V和H。另一个处于静止状态的观察者注意到，光信号在V没有看到任何东西之前就到达了H。也就是说，同时发出的信号却没有在相同的时间到达点V和点H。

牛顿：现在我们作为不与宇宙飞船一起运动的外部观察者来考虑上述情形。而且，这是关键之处。你坚持说在任何参考系中光速都是相同的，这就意味着，对宇宙飞船和我们自己的参考系这二者来说光速是相同的，都是300 000千米每秒。过一会儿，你们就会承认这是一个荒谬的主张。

从我们的观点看,光信号都以同样的恒定不变的速度在与宇宙飞船相同的方向上向前运动,而且也在与之相反的方向上向后运动。

现在,要到达宇宙飞船,光信号需要花些时间。在那段时间里,后面的船一直沿着与指挥船相同的轨道运动,因此光不需要走完这两艘船之间的所有距离就能到达后面的船。

现在考虑向前发射的光信号。光信号向前传播时,前面的船沿相同的方向运动。因此,光信号不得不比前一种情况多走一些路。

先生们,你们肯定已经注意到现在的情况已变得多么紧要:光信号会先到达后面的船,然后再到达前面的船。这样我们就处于一种完全荒唐的境地。在宇宙飞船的参考系中,两个光信号会同时到达,而在处于静止状态的观察者的参考系中却不然。

但时间却均匀地在流逝,与所有参考系都无关。在一个参考系中同时发生的两个事件在其他每个参考系中也会同时发生。我的结论是,爱因斯坦先生,你的光速不变性有问题。一旦你允许光速依赖于观察者的位置,问题就不复存在了。因此我的意见是,迈克耳孙—莫雷实验出了差错。

讲最后几个字时,牛顿跃身而起,在房间里大步穿行,目光直逼爱因斯坦。

爱因斯坦:别紧张,牛顿! 过来坐在这里。我们三人来分析一下你称为荒唐的这种情况。

我应该告诉你,很多年前还是我在专利局的那段时间里,当我构想出相对论的基础时,我也曾与那些想法较过劲。

你所说的是对的:光速不变原理与下面的假设是不相容的,即假设在一个参考系中——在我们的情况里就是在宇宙飞船的系统中——同时发生的两个事件在其他任何一个参考系中也同时发生。

可是,我不能同意你认为的迈克耳孙—莫雷实验是错误的这个结论。

那个实验以及其他许多类似的实验的结果都非常清楚。正如我们先前说过的,光速确实是一个恒定的常量。它是个自然常量。一旦我们习惯了这个基本原理,其他问题就自然解决了。可是我得承认,在1905年我也是用了几周的时间才接受光速是个具有普遍意义的量的想法。因此,我们不得不假设在一个参考系中同时发生的两个事件在另一个参考系中却不会如此。换句话说,如果你从一个参考系移至另一个参考系,时间就改变了。

在你的这个具体例子中,这意味着在宇宙飞船的系统中有一个时间,在处于静止状态的观察者的系统中有另一个时间。这两个时间从一开始就不同。当然,这与你的力学相对立。你会说,时间以恒定的方式在流逝,与参考系无关。而另一方面,我却坚持认为,不存在普适的时间这种东西,却存在普适的光速。

牛顿: 爱因斯坦先生,你能肯定不存在其他解释吗? 如果你所说的是真实的,它就会使时间和空间的结构彻底发生变革。今天早晨我们就此达成了一致,可当时我并没有这么当真。只是你对同时性(simultaneity)问题的回答现在又让我犹豫不定了。

哈勒尔: 艾萨克爵士,我可以向你保证不存在其他解释。我们必须抛弃事件的普遍同时性的观念。你意识到这意味着什么。我们要发展一种空间和时间的新概念,或者更确切地说时空概念。让我来解除你的担忧吧。由于光速非常大,只要所讨论的速度与光速相比很小,你假定的空间与时间结构的所有偏差都会非常小。

让我们假定宇宙飞船的速度每秒只有几千米,顺便说一句,对宇宙飞船来说,这种速度是有代表性的。对静止的观察者和运动的系统而言,两个光信号都会同时到达。信号传播时间的差别小得可以忽略。

你在《原理》中表述得如此之好并已很好地维持了两个多世纪的空间和时间的观念不会完全失效。只要所考虑的物理过程涉及的速度远小于光速,它们仍然完全能适用。事实上这涵盖了当今技术的所有现象。只有在那些所涉及的速度接近光速的现象中,我们才会注意到与你的时空结构有相当大的偏差。我们已经可以观察到许多那样的现象了，比如，在CERN隧道中的质子的运动。

牛顿专注地听着。他站起来说，他需要一些时间去思考，而且要休息一下。因此我们结束了讨论会；下午已过了大半，我们彼此道别。

分手之际，爱因斯坦对牛顿说："我完全明白为什么你现在很难受，因为要你放弃你的时空概念。1905年那个时候我也有同样的烦恼。我一夜接一夜地沿着伯尔尼的街道长时间地散步，想安定我的情绪。我难以入睡。1905年那个时候我从没想到，若干年之后，伟大的牛顿也会有同样的问题。我真诚地希望你今晚愉快。明天见。"

牛顿谢过我们就快速朝他的旅馆方向走去了。我和爱因斯坦穿过老街区闲逛了一会儿，就在熊苑广场附近的一家意大利小餐馆坐下来吃晚饭。

第八章 时空中的光

第二天一早,我和牛顿在旅馆碰面,一起吃早饭。他的眼睛里布满了血丝,而且看上去很疲倦。昨晚他必定是花了不少时间,试图使自己的世界观与前一个晚上在爱因斯坦寓所里所获得的新信息相适应。

简单说了几句话后,我问他是否改变了他对光速的想法。

牛顿(勉强地微笑):我把那当作是个不需要回答的问题。当然,我已经改变了我的观点;在爱因斯坦和你把所有那些连珠炮式的理由倾泻给我之后,我还能怎样呢?我无法与由实验证实的事实抗争。毕竟,物理学从根本上讲是一门实验科学。

不过,你尽可以放心,我只花了一会儿工夫就把普适不变的光速融入了我的世界观中!也许我应该说,我仍然在这么做。可是还有些模糊的地方,我希望我们能马上澄清。

对于普适的光速,我还有一个问题。最初,迈克耳孙和莫雷的用意是测量地球相对于以太的运动。他们力图通过证明光速取决于它的传播方向来实现这个目的。昨天我们比较详细地讨论了这个实验的结果,结论是没有发现任何效应。而且除此之外,还有几个已经由实验证明了的事实也支持光速不变。

哈勒尔(打断了牛顿的话)：是的，但请允许我补充一句，我们正在讨论的是光信号在真空中的传播。在其他介质中，比如说在水或玻璃中，光传播的速度比在真空中慢一些。这是很容易理解的。如果光不得不在像水这样的介质的原子中穿行，我们会预料到，它传播的速度会慢一些。

牛顿：的确如此。可那是具体材料的效应，并不具有根本的重要性。当然，我所讲的是光在真空中的传播。我们不得不从迈克耳孙—莫雷实验的结果中得到否定的结论，即不存在以太这种东西。光不借助任何东西怎么能在真空中传播呢？光不借助介质来传播，这可能吗？

哈勒尔：我正等着那个问题呢。可是你所说的光波不借助任何东西而在真空中传播，那也不是很正确的。光是在空间中和时间中传播的。

在谈话过程中，牛顿的目光中已毫无倦意。现在他已面露喜色了。

牛顿：你是在讲空间和时间真的扮演了以太的角色吗？

哈勒尔：说实在的，我们还不太明白光和物质以及它们的原子和粒子究竟是什么。一些物理学家猜测，光实际上是时空的一种隐性质(hidden property)，它具有几何意义。换句话说，时空不仅具有3个空间维度和1个时间维度，还有其他的不可直接感知的性质。它们只能被间接地认识到，比如通过光的现象来认识。

有些物理学家竟然说空间、时间和物质只不过是一些潜在的几何结构的不同表现。根据那种观念，世界上什么也没有，它只不过是个几何系统而已。

不论那种解释正确与否，如今我们把光看作空间或时空的一种激发态，这是一种被称为场(field)的时空所具有的特殊性质，或者更具体地讲是电磁场的性质。

牛顿的眉头皱得更厉害了。显然，我所讲的某些东西不符合他对事物

的看法。

牛顿: 现在我明白电磁场是什么意思了。即使是在我所处的年代,也已经深入细致地研究过电场和磁场这两种特殊的情况了。一正一负两个带电体之间的相互吸引只不过是围绕每个带电体的电场起作用的缘故。

磁力以类似的方式起作用。罗盘上的磁针由于受地磁场的影响而使自己排列成南北指向。几天前在剑桥浏览物理书籍时我还了解到,只有当电场不随时间而改变时我们才能得到单纯的电场。只要任何东西有了变化,比如,如果我把一个带电球体来回移动,立刻就会产生一个与电场相互关联的磁场。这些场中的一部分可能脱离运动电荷而形成电磁波。

哈勒尔: 正是这样。无线电波几乎就是这样产生的。一台无线电发报机本质上就是能产生随时间而变的脉冲电场的设备。这些振动的电场接着产生磁场,电场和磁场二者联合形成电磁波。

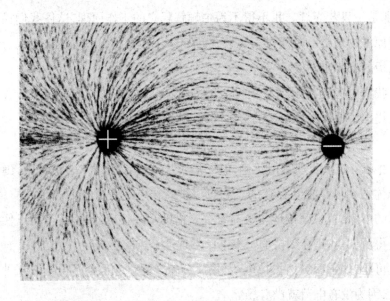

图8.1 带相反电荷的球体互相吸引,在围绕球体的电场中可发现这种力的起源。有几种方法可以使场线变得可见。注意,这种场线总是始于并终止于带电体的表面。

牛顿：由于光波也是电磁波，因而就出现了这样的问题，即光是否也能由类似于你刚才所描述的方式来产生。

哈勒尔：完全可以。比如，我们考虑电灯泡吧。这里光是来自因流经的电流使其受热而发光的导线。

牛顿：可是，导线为什么能发射出光来呢？它为什么发光呢？

哈勒尔：流经导线的电流是由在导线金属中流动的电子形成的，或者更准确地说，是由被电张力或电压推动的电子形成的。在这个过程中，它们不断地与金属中的原子也就是原子壳层中的电子碰撞，因此金属会热起来。换句话说，所有的粒子都快速地来回运动。金属中的电子当然是带有电荷的，因而它们开始发射电磁波，在这种情况下所发出的就是光。

我们继续谈论产生光的各种方式。原来，就在那天早晨，为了找到光真的能在一个长玻璃管里产生出来的证据，牛顿把他浴室的灯给拆开了。当然，那是一只荧光灯。我不得不为牛顿解释它的工作原理，这使我们径直进入了原子物理学。时间过得飞快，为了准时到达，我们不得不立刻起身朝爱因斯坦的寓所出发了。

我们沿着克拉姆小巷步行穿过了伯尔尼的市中心。走着走着，我的同伴又提出了他昨晚思考过的更多问题。

牛顿：如果我理解得正确的话，电磁场或者在最简单的情形中，围绕带电球体的电场是独立存在的。它可以被看作空间或时空的一个性质；它有自己的寿命，这只间接地与电荷有关。借助某些技巧，我们甚至可以使这些场变得可见，我是在剑桥的一本书中发现这一点的。

可是，如果我突然去掉电荷，场又会怎样呢？它也会不得不以某种方式消失，因为没有电荷就没有场。

哈勒尔：你说得很对，场当然会消失。在实验室中你可以从实验上做到这一点。只要给金属球充上电荷，然后突然去掉这些电荷。场会很快消失，这会以光速发生,因为不仅是光本身,所有电磁现象都是以光速传播。

牛顿: 假设我们正在做你刚才所描述的那个实验。你给你的球体充电,我来测量电场;或者更准确地说,我测量在某个给定距离也许是10米处的吸引力。现在你去掉电荷。如果我没搞错的话,最初我不会看到任何差别;场需要一些时间才能消失。可是光传播10米只需要十亿分之三十三秒。应该只需要这么短的时间我就可以看到你去掉了电荷。

哈勒尔: 从原则上讲,你是对的。可事实上不可能做这样的实验,因为我不可能在这么短的时间就去掉电荷。

牛顿: 当然,我只对原理感兴趣。现在开始说我真正的问题吧,这与电磁现象毫不相干,倒是与引力有联系。你知道,在我的《原理》中我阐述了普遍的质量吸引定律。* 两个有质量的物体彼此吸引,吸引力的强度取决于每个物体的质量和它们之间的距离。质量越大,吸引力越强;距离越远,吸引力越弱。

我最初的信念是:这意味着一个物体对另一个物体的长程作用(long-range action)。换句话说,太阳吸引地球是因为,太阳的引力穿过太阳与地球之间的距离直接作用在地球上。但是我承认,对长程作用的观点我并不惬意。而且,既然我对电力和磁力又了解了很多,我就变得更加拿不准了。引力真的能穿过比地球与太阳之间的距离还大得多的距离而直接起作用吗?

哈勒尔: 你的怀疑是合理的。根据我们现在的发现,极长程的作用是不可能的。与电力一样,现在认为引力是由一种力场传递的,此处是指围绕所有有质量的物体的引力场。不妨说,物体的质量影响了它周围的空间。

牛顿: 这意味着存在像电磁波那样的引力波(gravitational wave)吗?

哈勒尔: 应该存在,可是到目前为止,我们还没发现明确的证据。下面的思想实验暗示它们应该存在。假设我们突然去掉太阳,当然这不易做到,可是至少我们可以假设。毕竟,在太空中存在周期性的庞大星系的爆发,而且一旦发生这种爆发,与太阳质量大小相当的质量可以被抛到非常远的距

---

* 实际上说的是万有引力定律。——译者

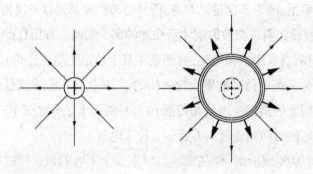

图8.2　带电球体周围的电场被突然撤去。结果,从球面以光速辐
射出电冲击波。电场慢慢减弱并最终消失。

离。我们所假设的突然去掉太阳的情形可以与那种爆发相比拟。

　　牛顿: 我猜想,你所指的是像1987年2月所观察到的大麦哲伦星云那种超新星爆发吗?

　　哈勒尔: 我知道你对现代天文事件了解不少。是的,我指的是超新星爆发。如果太阳突然消失,你认为地球上的观察者能看到什么呢?

　　牛顿: 对于地面的观察者而言,太阳尤其重要有两个原因:第一,太阳给我们光和热能;第二,太阳的引力迫使地球在一个几乎是圆形的轨道内围绕太阳运转。若没有太阳,地球上将一团漆黑,而且,我们的这颗行星也会飞入太空。

　　光线从太阳到地球需要走约8分钟。这意味着,在太阳离去之后,地球上的观察者还能享受8分钟的阳光。

　　哈勒尔: 是的,只有8分钟。可是地球环绕太阳的轨道会怎样呢?

　　牛顿: 那是个棘手的问题。在我们讨论之前,我可能会说太阳消失后地球会立刻终止沿其轨道的运行,并且沿笔直的路径飞掉。可是,如果不存在超距作用——现在我确信不存在超距作用——显然就不会发生那种事。

　　哈勒尔: 你是对的,那是不可能的。确实,我们可以使太阳消失,至少在我们的思想中是可以的,可是那不能使它的引力场在瞬间消失。

　　牛顿: 换句话说,我们现在所谈论的很像前面讲到的那个突然消失的带

电球体的例子。

哈勒尔：完全类似。

牛顿：那么我就明白了。与电场一样，引力场也是以光速去掉的。

哈勒尔：又对了。场是以脉冲波的形式撤除的，这种脉冲波类似于我们向池塘中扔一块石头时产生的波。可是，我们现在谈的是引力波，它以太阳的先前位置为起点，像一个永远在扩大着的球体那样以光速向各个方向传

图8.3　1987年2月23日，天文学家目睹了一个极为罕见的事件：在大麦哲伦星云（我们的银河系的小伴星系之一）中有一颗超新星爆发，只有在南半球才可以看到这次爆发。在这张图片的右上角可以看到这颗明亮的超新星。

超新星爆发是巨大恒星的快速坍缩，同时伴随着巨大能量的释放。在几分之一秒内，就会发射出电磁冲击波。假定光从超新星处传播到地球需要160 000年，那么1987年看到的那次爆发就应该是发生在160 000年前的旧石器时代。由于它必定动摇了时空网，所以如果有正在运行的足够灵敏的探测器，在地球上就可以观测到它所产生的引力波。如果在可见的将来再发生类似的事件，我们会有更好的准备：正在发展中的采用激光技术的新探测器具有合乎要求的灵敏度。（承蒙慕尼黑和智利拉锡拉欧洲南方天文台惠允。）

播开去。这种波到达地球需要走8分钟，它到达时，地球将开始沿直线运动。几小时后，这种波将到达太阳系的外部。几年后它将到达最近的恒星，3万年后将到达银河系的中心。

1987年2月转变成超新星的那颗恒星必定发射了强大的引力波，这种引力波与来自超新星爆发的光信号几乎同时到达地球，即于1987年2月23日到达。遗憾的是，没人能记录下来，因为当时没有合适的探测器在运行。在以后几年中的某个时候，如果我们的银河系中有另一颗超新星爆发，我们可能会准备得好一些。

我们静静地走了几分钟，经过了著名的钟楼。牛顿沉浸在思考当中。突然我听到他自言自语："因此肯定没错，电、磁和引力都与场有关，与时空的性质有关。简单而又巧妙。在伍尔斯索普时，我确实对此有所觉察。要是我那时就知道光速的首要意义就好了！"他继续自言自语，可我再也听不清他所说的话了。他肯定是在自言自语，所以我没问什么问题。此时我们走到了爱因斯坦的寓所。

钟楼的钟敲了10下。我们迟到了半小时。爱因斯坦到门口迎接我们，并没提迟到的事。

第九章　时间延缓

在等我们时，爱因斯坦已经准备好了茶，我们一到就开始享用。然后，这位相对论的创始人转向我发问。

爱因斯坦：哈勒尔先生，你最近提到光速的测量已经达到了惊人的精度。我记下了你所说的数字：光以 299 792 458 米每秒的速度传播。现在假定这个速度是个普适的自然常量，那么，我们是否可以在长度单位和时间单位之间，即米和秒之间建立一种联系呢？换句话说，我们不必进行基于某种任意标准——比如保存在巴黎的标准米——的测量；而是可以将光在特定时间内传播的路程作为一种单位。天文学家已经这么做了一段时间了。他们表述距离时用的是光秒、光分和光年，而不是千米。当然，那只有在所测的时间有很高精度时才有效。因此我的问题是：我们对时间的测量能精确到什么程度呢？

哈勒尔：你的建议很有意义。实际上已经这么用了多年了。有个国际协定，确定光在 1 秒的 299 792 458 分之一内所传播的路程为 1 米。从逻辑上讲，这个标准也定义了光速。因此，把光速的精度测得高于每秒 1 米，比如说每秒 1 厘米或 1 毫米，已经没有意义。现在这个标准已经最后确定下来了。

对光速的极精确测量不会带给我们额外的信息，所影响的只是约束作为长度基本单位的米。当然,依照光在几分之一秒内传播的距离所下的定义,新定义的长度单位与以往所知的米是相等的。这种做法的要点在于,现在我们有了一个在任何地方都能轻松再现的标准。它与各种误差来源都无关,只要米的定义是基于某种金属棒,不论保存得多么好也不可避免地会有误差。只要想一下在那种棒上我们用来标记准确长度的细微刻痕就能明白这点。在显微镜下,它们不再是细线而是看起来像山谷一样。我们可以借助光速恒定的方法通过间接测量长度单位来避免这种不确定性。

你可以看出,作为长度单位的米的新定义是光速的普适性(universality)的一种直接应用,因此也是相对论的一种直接应用。现在我们来谈谈时间的测量。艾萨克爵士,在你所处的年代,时间是按照天文标准来定义的。1秒被定义为1年即地球绕太阳运转一周所需时间的多少分之一。那对于非常精确的时间测量来说显然是不够的。你的一位著名的同胞麦克斯韦(James Clerk Maxwell)在一百多年前在他的《电学和磁学论》(*Treatise on Electricity and Magnetism*)一书中就指出,我们应该用原子的结构和振荡来确立空间和时间的准确单位。

牛顿(打断了我的话):那听起来非常明智。在整个宇宙中,原子的结构都是相同的,因此在任何地方再现长度和时间单位都不困难。

哈勒尔:很显然,原子物理学能帮助我们更准确地测量时间,远比测量距离要精确得多。在20世纪30年代,石英晶体的振动就被用于测量时间。它们为当今如此流行的石英钟和石英表提供了标准。

更精确的是所谓的原子钟,其中振动摆被一束振动原子取代了。现在,我们一般用于这种钟上的是铯元素的原子。铯原子的振动在各处都是相同的,因而1秒间隔由一定的振动数来确定,当然,那是个很大的数字。

[告读者:铯原子每秒准确的振动数为 9 192 631 770。因此容易算出,光传播3.26厘米的时间就是铯原子振动一次的时间。实验装置见图9.1。]

图9.1 安置在不伦瑞克的德国联邦物理技术研究院的原子钟大厅内的铯原子钟CS-1(左)和CS-2(右)。这些钟组成了德国的基本时间基准。电磁共振器的频率借助于一束铯原子稳定在期望值。之所以能这样做是由于某种特定元素的原子会显示出完全相同的振荡性质。可以通过共振器与原子的适当耦合来调节共振器。(承蒙不伦瑞克德国联邦物理技术研究院惠允。)

爱因斯坦：时间测量已达到什么精度了呢？

哈勒尔：相对误差约为10^{-14}，即便是在这个领域中做得最好的实验室也是如此。比如，在德国不伦瑞克的联邦物理技术研究院所能获得的最小误差就是这样。这一误差意味着，在10^{14}秒的时间跨度内原子钟最多会偏差1秒。那只是大约300万年中的1秒啊！因此我们可以公正地说，时间是我们能测量得最精确的物理量。现在，借助于光速不变的性质，我们可以把这种精度转移到距离的测量。

牛顿(激动地)：那真是精确得令人吃惊！而且，之所以如此就是由于光速的普适性。因此，我们可以有把握地假设，长度单位的校准与测量适当的光信号的传播时间是同样的事情。亲爱的爱因斯坦，你看你的光速不变原理正在得到很好的实际应用。

哈勒尔(插话)：今天的发现就是明天的校准。这已经成为当今物理学家的格言,而且也正是这一点在推动科学前进,昨天的发现理所当然地会成为新洞察的前提。

牛顿(又回到我们前一天的讨论):昨天晚上我们得到的结论是,只有当我们重新考虑空间和时间的基本概念时,普适的光速的思想才有意义。我们已经看到,对两个事件同时与否的回答取决于观察者所采用的坐标系。这直接与我在《原理》中阐述的空间和时间的思想相矛盾。

昨天晚上我曾设法解决这个令人困惑的后果。我得到的结论是,我们必须对每个坐标系、对每个惯性参考系引入一个特定的空间与时间的描述。比如,在行驶的火车上的人就会有他自己的时间和空间的定义;它将与处于静止状态的观察者所用的时间和空间的描述有关,但又不完全一样。

那并不意味着火车与观察者存在于完全不同的世界。他们分享相同的世界、相同的时空。仅仅是描述空间与时间的方式多种多样。换句话说,空间与时间是相关的,描述它们的不同的方式取决于运动的状态。我猜测那就是你把你的理论命名为"**相对论**"的原因。

爱因斯坦(欣赏地看着牛顿):牛顿,你昨晚对此肯定思考了很多很多。从你的结论中我找不出任何错误。很多年以前,我刚完成我的理论之时,我也以类似的方式解决了这个难题,可却要慢得多。在一个晚上你就解决了我花了几天——即使没花上几周——才解决的问题。

就该理论的名字而言,你并不十分正确。称其为"相对论"并不是我的主意,而是其他人建议的。最初我并不喜欢这个名字,我认为对于一系列其实相当简单的事实来说,它听起来太复杂了。更为重要的是,这个名字并没有起到点子上,因为我的理论的基础是光速的普适性。在经典力学中,光速是相对的;它取决于观察者的运动。但在我的理论中它却是绝对的。因此,我的理论应该称为绝对论。你看,任何事都是相对的,即使是为理论起名也是相对的。

牛顿:如果对空间和时间的描述的的确确取决于观察者的运动状态,人们就应该能够按照观察者的速度来描述。昨晚我试图把它搞出来,可是没什么进展。因此,也许现在我们可以讨论一下。爱因斯坦先生,你能给我们简单地谈一下你的相对时空的思想吗?

爱因斯坦:我亲爱的牛顿,我感到非常荣幸,能为经典物理学的奠基人、经典力学的创立者来讲述他自己的思想的进一步发展,因为这就是相对论的要旨所在。首先,请允许我简单地重复一下我的相对性原理(principle of relativity),这是建立理论的基础。对两个彼此相对做匀速直线运动的观察者来讲,适用的物理定律是相同的。特别是,对两个观察者而言,光速是相同的。

哈勒尔:艾萨克爵士,你可以看到,爱因斯坦先生的原理是你的思想的直接延续。在你的力学中,相同的力学定律适用于两个彼此相对做匀速运动的观察者,这就是我们现在所谓的牛顿相对性原理。无论我们是在静止的实验室里,还是在运动的火车上或是在快速飞行的飞机里搞研究,这都不会有任何差别。爱因斯坦理论的创新之处在于,他断言他的相对性原理不仅适用于力学,而且适用于所有的物理学。它包括电动力学现象,因此还包括涉及光的所有过程。而且那意味着光速是个普适的量。

牛顿(嘲讽地)**:**我当然可以接受你刚才称之为牛顿相对性原理的延续的这个原理。如果我们继续这样进行下去,相对论实际上就成了包含在我的《原理》中的想法。

爱因斯坦:你当时非常接近于发现相对论了。如果那时有人告诉你在每个参考系中光速都相同,你可能自己就已经发展了相对论。

现在我们还是谈谈相对论中的时间吧。我不想试图去回答时间的真正含义是什么这个古老的问题,我只对如何测量它有兴趣。牛顿先生,在你的《原理》中,你指出在某个特定参考系中,时钟可以被放在空间任意一点并与放在空间其他所有点的时钟显示相同的时间。换句话说,时钟是同步的。

如果你接受我的光速不变原理,就可以实现相同的同步。如果两个时钟在同一地点,无论如何这不会有任何问题。按墙上的钟来调手表时,我们只要读出钟上的时间并把我们的手表调成与之一致即可。

可是,如果我们想要调成同步的两个钟离得很远,事情就不这么简单了。选两名观察者,每人拿一个时钟。一个观察者在地球上,另一个在火星上。光线从地球到火星需要一段时间,比如说5分钟,当然,精确的时间会随着这两颗行星的相对位置而改变。

我们假设,火星上的观察者想把他的时钟调得与地球上的观察者的时钟一致。他向地球发了一个无线电信号询问时间。地球上的观察者立即发送对方所需的信号,信号几分钟后到达火星。然而,火星上的观察者将不能准确地设置他的时钟,因为他要估计光信号从地球到火星所用的时间。

牛顿:只要及时知道在这一时刻地球与火星间的准确距离,就很容易计算出时差。可是测出那个距离却不那么容易。

爱因斯坦:当然不那么容易。可我们并不真的需要知道那个准确的距离。我们可以用个技巧。假设地球上的观察者向火星发一个信号并从火星表面反射回来,在特定时间之后回到地球。我已读到过,像这类事情如今实际上可以做到。是真的吗,哈勒尔?

哈勒尔:非常正确。有一种非常强烈且高度聚焦的光束,我们称之为激光束。它们可以被发射到火星上,而且在地球上可以接收到反射回的信号。

爱因斯坦:太棒了!这就表示我们可以把信号从地球到火星再从火星返回地球所用的时间除以2,所得的就是我们需要的时差。我们假设正好是5分钟。在某个时间,比如说伦敦时间8点整,时间信号由地球上的发射机发出。时间信号到达火星的那一刻,火星上的观察者就应该把表设定为8:05。于是,这两个时钟就同步了。

牛顿:是的,我明白,可以借助于无线电或光信号相当容易地把钟调成同步。由于你可以在空间中的任何地方用任何时钟进行这种操作,所以我的结论是,我们可以用这种方法让所有空间在时间上同步,或者,至少在很大一部分空间上能做到同步。在这个空间的所有时钟就会同步并将显示相同的时间。这种情况使我想起我在《原理》中讨论过的绝对时间。

爱因斯坦:牛顿,我们的这次讨论最好不考虑你的绝对时间。还有些重要的事情我应该补充一下。使地球上和火星上的两个时钟同步并不难,这是因为这二者相对于彼此是静止的。确实,地球上的时钟是以地球的速度在空间运动,火星上的时钟是以火星的速度在空间运动。可是与光速相比,这两个速度的差就非常小,我相信不超过10千米每秒,因此我们在这里可以忽略它。

只要相对于地球上的时钟静止或缓慢运动,在你所涉及的空间任何地方的时钟都同样可以调成同步。可是,只要时钟以极高速度在空间运动,情况就大不相同了。这就是我不想在讨论中考虑绝对时间的原因。

牛顿:爱因斯坦,我不是想冒犯你,而是想知道,时钟彼此相互运动时会发生什么情况。

爱因斯坦斯斯文文地从烟盒里抽出一支雪茄,用老式打火机点上。不吸烟的牛顿不会知道爱因斯坦喜欢抽雪茄,偏偏又不是最好的那种。他疑惑地看着爱因斯坦,什么也没说。最后,爱因斯坦又继续他的讲话。他开始谈时间延缓,这也许是相对论最奇怪的方面了。

爱因斯坦:先生们,我现在想要讲的东西可以用任何时钟来证明。为简单起见,我将构造一个特殊的时钟,以便说明要点。

让我们在距离地球150 000千米远的空间放置一颗卫星。它上面安装了一个能反射从地球发出的信号的特殊的镜子。我认为最合适的信号可能是哈勒尔提到过的激光束。

我选择地球与卫星之间的这个特定距离,是因为光传播这段距离正好需要半秒钟。因此,光从地球到卫星再从那里返回地球,正好用1秒钟。

哈勒尔(突然插进来):此处我想说,你刚才所描述的这种卫星确实存在。它们被用于诸如在欧洲与加利福尼亚之间进行电话通信。电话信号由地球上的发射机发射到卫星上,然后再返回到地球上的接收器。在伦敦和洛杉矶之间进行电话通话时,电话信号的传播距离约为150 000千米;显然,这需要大约半秒。当你与加利福尼亚的人通话时,你可以明显地察觉到这种时间滞后。由于电话信号的这种不寻常的时间滞后，没有经验的通话者有时会感到相当烦。

牛顿和爱因斯坦都没往加利福尼亚打过电话。牛顿跃跃欲试。我们决定做个小实验，给爱因斯坦寓所的电话派一个不太适合的用场，费用由爱因斯坦协会来付。当时，加利福尼亚正值午夜后不久。因此我拨通了一个号码，我知道该号码随时都有人接听。这是帕萨迪纳的加州理工学院消防站，过去我曾几度在那儿工作。有人立刻接听了电话。我把听筒递给牛顿，他开始与加州理工学院的接线员闲聊，只是想证实是否真的存在我所说的时间滞后。

我们的小实验显然给牛顿留下了深刻的印象。这是他第一次体验到电磁信号有限的传播速度的效应。

我们的主人似乎也对牛顿的电话实验很有兴趣。

爱因斯坦：我们还是回到我的时钟上来吧。光信号从地球上传播到卫星再回到地球需要1秒。我在此处所构建的是个相当特殊的时钟。它的时间既不是由摆也不是由石英晶体的振动来确定的，而是由光信号在卫星和地球站之间的来回反射来确定的，有点像光摆(light pendulum)。我们可以称之为光时钟(light clock)。

现在让我们想象，从快速运动经过地球的一艘宇宙飞船上观察这只光时钟。观察者从他的宇宙飞船的舷窗能看到什么呢？他会看到地球和卫星这二者都在快速地经过他的宇宙飞船，因为他认为他自己是静止的。现在假设这个观察者在光信号来回传播时可以跟上它们。

牛顿：真的能那么做吗？我认为应该很难跟上光信号。这些光子只是在地球和卫星之间来回反射。

爱因斯坦：从原理上讲，那不是问题，而且现在我只对原理感兴趣。比如，假设在每次光线反射时，我们的光时钟发射出特殊的无线电信号，而且宇宙飞船接收这个信号。以这种方式,宇宙飞船上的观察者就能很好地了解光时钟的运转。那样他就可以在光通过空间的路径上跟上光信号,至少可以间接地这么做。

爱因斯坦拿了一张纸,并且画了光信号的路径。

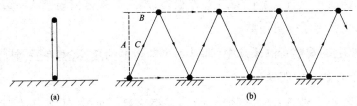

(a)   (b)

图9.2　处于静止和运动的光时钟。(a)一束激光信号从地球上的发射机发射到固定轨道中的卫星上,再从那儿反射到地球,再反射回卫星,如此反复下去。(b)从经过的宇宙飞船看,光信号沿着锯齿形路径传播。两条虚线分别为卫星和发射机的轨迹。

爱因斯坦:光信号传播1秒时,地球和卫星都在空间运动;宇宙飞船上的观察者看到的光信号的路径像一条锯齿形的线。让我们观察这个信号在一个来回即从地球到卫星再回来这段时间内它的路径。

牛顿:你是说在1秒内吗?

爱因斯坦:我没那么说,牛顿;我只是说信号完成从地球到卫星再返回这样一个来回所用的时间。我们将会发现,当观察者从他的宇宙飞船上测量这段时间时,它一般不等于1秒钟。

牛顿迷惑甚至是惊慌了,他看着爱因斯坦。爱因斯坦指着他的图继续说着,并不为牛顿的反应所动。

爱因斯坦:我们马上就可以看到,在宇宙飞船系统中光信号的路径比在地球系统中的长一些。我们知道,在地球系统中,路径长度正好等于1光秒,即大约300 000千米。在宇宙飞船系统中,路径的确切长度取决于宇宙飞船相对于地球的速度。如果说宇宙飞船的速度不超过每秒几千米,你会发现光信号的路径长度几乎没有变化。可是,如果宇宙飞船相对地球运动得很快,比如说每秒100 000千米,这种效应就会明显可察觉了。

哈勒尔: 在宇宙飞船系统中的路径更长也并非不正常。在顺流而下的船的甲板上,当乘客在左舷与右舷之间散步时也是这样。对于岸上的观察者,乘客所走的路程比船的宽度要长很多,因为当乘客在船上从一边走到另一边时,船已走了一段距离。

在岸上的观察者的系统中,那是一个锯齿形的路径,就像爱因斯坦刚才画的光信号的路径那样。

牛顿(小心地选择着他的用词):那很显然。可是,我还是认为在爱因斯坦的时钟与你的小船的例子之间有差别。在甲板上散步的乘客的速度显然不仅取决于他步行的速度,还取决于小船运动的速度。二者的速度越快,其结果就是乘客的速度越快。

可是对光来说就不一样了,因为光在每一个系统中速度都相同。因此按照爱因斯坦的锯齿形路径传播的光,应该具有准确的速度而且一点也不会超过该速度。那就意味着……

牛顿突然停下来不说话了。从他脸上能看出他在紧张地思考。爱因斯坦一跃而起,从牛顿停顿的地方继续讲下去。

爱因斯坦: 确实如此。那意味着宇宙飞船系统的时间与地球上的时间不同。在宇宙飞船系统中光信号所要走的路程比在地球系统中的更长。而另一方面,在两个系统中速度都一样,因此在宇宙飞船系统中的时间间隔必定大于1秒。换句话说,时间延缓了。地球系统中的1秒,就是我们的光时钟的1秒,它在宇宙飞船系统中看起来像是比1秒长的一段时间间隔。专家们称之为"时间延缓"(time dilation),但也可以称之为时间延伸(stretching of time)。

听着听着,牛顿的脸色变得苍白。爱因斯坦叙述的这些新认识显然潜入了他的意识。当他第一次面对在我们这个世界上最令人吃惊的现象之一,即不存在普适的时间,即便是时间也取决于运动状态的时候,我能很清楚地想象出他的感受如何。

爱因斯坦很同情牛顿,他不再讲下去。顿时爱因斯坦的寓所里异乎寻常地安静,我们每个人都沉浸在自己的思考之中。过了一会儿,牛顿继续开始讨论。

牛顿: 爱因斯坦,我开始认识到,时间延缓的发现——这在我看来是个令人吃惊的现象——最终使我的绝对时间观念破产了。我相信我现在理解了光速普适性这个令人吃惊的后果。只是还有几个方面我不太清楚。我相信你可以给我解释一下。

爱因斯坦: 请发问吧,牛顿! 我会尽力回答你的问题的。

牛顿: 我确实明白了你为什么要利用这种复杂的光时钟图像,这种地球和卫星系统,来表述你的想法。可是,不论时间延缓在你的光时钟和光速不变的情况下看起来是多么合理,你能肯定它真的意味着时间的普遍延伸吗? 换句话说:时间延缓对于像你的手表这种普通钟表或任何其他周期性过程,比如你的脉搏,是否也是真实的呢?

爱因斯坦: 当然。我利用光时钟得到我的时间延缓的观点,只是因为这种方式便于理解。我也可以用一只普通时钟,但那更难以说明有关的效应。然而,时间延缓对于所有时钟都正确。它与时钟没有直接联系,而只是与时间的流逝有关。所有事件都同样受影响,包括化学和生物过程,甚至还包括老化过程。

圣奥古斯丁曾写道:"时间就像来去匆匆的事件的一条河流,其水流是强有力的;一件事情一进入视线马上就随波而去,另一件事情立即取代了它的位置。"他是对的,尽管他不知道时间的流逝并不稳定,而是取决于观察者的运动状态。如果你喜欢河流这个例子,就不要认为水是均匀流动的。想一想有不同水流的宽阔的河流吧,有湍急的水流,也有缓慢流淌的支流。

对于宇宙飞船上的观察者,地球上的事件在他看来变慢了。比如,如果他借助无线电信号观察地球上的一个同事的心跳,他会发现心脏并不是按每分钟大约70次的普通脉搏数在跳,而是可能下降到每分钟30次。下降多少显然取决于宇宙飞船的速度。可那并不真成问题;对快速经过的观察者来说,所有事件看起来都变慢了。

牛顿(突然插入):这乍听起来确实相当荒唐。有一点我还是把握不住。你说地球上的事件对于由此经过的宇宙飞船上的观察者来说似乎慢下来了。不错,我接受。可现在我要扭转局势了。我在地球上安排一个观察者,让他观察经过的宇宙飞船。由于宇宙飞船是从他面前以高速一冲而过,他应该能观察到发生在宇宙飞船上所有过程中的时间延缓效应。

在地球上的观察者看来,宇宙飞船上的时间似乎比地球上的走得慢。难道这与我们前面说的不矛盾吗? 宇宙飞船那儿的情况正相反。对于宇宙飞船上的观察者来说,地球上所有过程都慢下来了。难道这不矛盾吗?

哈勒尔:根本不矛盾。让我们抛开地球、卫星和宇宙飞船,而代之以考虑两艘宇宙飞船在空中相遇的情况。这两艘飞船彼此没有区别,相对于对方做匀速直线运动。一艘飞船上的观察者会注意到另一艘飞船上的时钟比自己飞船上的走得慢。

另一艘飞船上的观察也正好得到同样结果,那里的观察者将注意到第一艘飞船上的时钟比自己的走得慢。对两个观察者来说都发生了时间延缓。这里并不存在矛盾,这只表示时间的流逝取决于系统。一般来说,从我们定义为静止的系统来观察时,运动系统的时间的流逝总会显得慢下来。

爱因斯坦赞同地点着头,可牛顿却是皱着眉接受了我的回答。在继续讨论之前他停顿了一会儿。

牛顿:好吧,我们暂时撇开这个问题。可是我想查明时间实际上能延缓到什么程度。我们应该可以把它作为相对速度的函数来计算。

他拿了一支铅笔，专注于爱因斯坦的图。

牛顿：我相信我知道该如何去计算。地球表面与卫星之间的距离我称之为 A，我们曾假设它是 150 000 千米。这是光在地球和卫星都处于静止的系统中走过的距离。

从运动的宇宙飞船上看，地球和卫星都以某个速度在空间运动，我称这个速度为 v。激光束从地球运动到卫星的这段时间里走过的路程我称之为 C，地球上的发射机和卫星在空间走过的路程都是 B。

[对数学方程可能感到困难的读者应该跳过下面的这些计算。]
我注意到牛顿看起来心神不宁。

哈勒尔：非常正确。计算时间延缓时，这是我们必须考虑的3个距离。C/A 这个比值是测量时间延伸的量。当从地球系统看时，光信号用半秒走完距离 A，而在宇宙飞船系统中就要用半秒的 C/A 倍的时间。因为 C 是直角三角形的斜边，所以它必定总是比邻近的 A 大，因此时间延缓因子 C/A 总是大于1。

这个因子显然扮演了重要的角色，而且它还有个专用名称，叫 γ 因子。用希腊字母 γ 表示比值 C/A。

$$\gamma = \frac{C}{A} = \frac{\Delta t'}{\Delta t}.$$

在这个方程中，我用符号 Δt 表示从静止的观察者所在的系统中测得的时间间隔，用符号 $\Delta t'$ 表示从运动系统中测得的类似的延缓了的时间间隔。

牛顿（兴奋地）：当然！我们只需把比值 C/A，也就是你们的 γ 因子，作为速度 v 的函数来计算即可。

爱因斯坦(打断了牛顿)：那容易做。A、B 和 C 这三个距离彼此间不是独立的,因为它们是一个三角形的三条边。我们可以使用毕达哥拉斯定理(Pythagoras's theorem)：A 和 B 的平方和等于 C 的平方。

牛顿写下了爱因斯坦提到的这个方程：

$$A^2 + B^2 = C^2.$$

然后,他将方程作了变换以求解出 γ 因子 C/A：

$$\left(\frac{A}{C}\right)^2 + \left(\frac{B}{C}\right)^2 = 1,$$

$$\left(\frac{A}{C}\right)^2 = 1 - \left(\frac{B}{C}\right)^2,$$

$$\frac{A}{C} = \sqrt{1 - \left(\frac{B}{C}\right)^2}.$$

牛顿：现在从方程左边我们得到了 γ 因子的倒数,但却是以 B 与斜边 C 的比值的形式表示的。B 和 C 是卫星和光信号在相同的时间跨度内走过的距离。因此,距离之比应该等于速度之比,用 v 表示卫星速度,用 c 表示光信号的速度：

$$\frac{B}{C} = \frac{v}{c},$$

$$\frac{A}{C} = \frac{\Delta t}{\Delta t'} = \frac{1}{\gamma} = \sqrt{1 - \left(\frac{v}{c}\right)^2}.$$

现在,我得到了作为 v 或者更准确地说作为 v/c 的函数的 γ 因子：

$$\gamma = \frac{\Delta t'}{\Delta t} = \frac{1}{\sqrt{1 - \left(\frac{v}{c}\right)^2}}.$$

求解完毕。

牛顿盯着他刚推导出来的方程看了一会儿。这是相对论中的基本方程之一。

牛顿：现在所有事情都变得清清楚楚了。显然，所有这些因素中最重要的一个量就是被观测的速度与光速的比值。爱因斯坦，你已经强调了几次，只有当有关的速度与光速的比值不可忽略时，相对论的效应才变得显著起来。我必须说，我没想到v/c的平方有这么重要。对于我们在技术过程中所碰到的所有速度来说，这个比值都非常小，因此它的平方就更小。显然，在日常生活的所有过程中相对论效应都可以忽略，因为在这些过程中所涉及的速度都远不能与光速相比。

哈勒尔（突然插话）：亲爱的艾萨克爵士，我和爱因斯坦都反复强调了你的力学定律在相对论中并未完全被证明是错误的。现在我们可以明显地看出，在低速情况下这种偏差非常小；实际上是可以忽略的。即使是对很高的速度而言，比如说100 000千米每秒，γ因子与1的偏差也不是太大。在这种情况下大约为1.06，它与1只差6%。

与此同时，爱因斯坦已经用他的袖珍计算器计算某些特定速度的γ因子，并简单地记在一张纸上。

爱因斯坦：牛顿，请看这里：这张小表显示出了几个有启发性的速度的γ因子。

爱因斯坦的表

物体	v (km/s)	v/c	γ因子
汽车	0.03	0.000 000 1	1
飞机	0.5	0.000 002	1
子弹	1	0.000 003	1
c的10%	30 000	0.1	1.05
c的50%	150 000	0.5	1.155
c的90%	270 000	0.9	2.294
c的99%	297 000	0.99	7.09
c的99.9%	299 000	0.999	22.4

正如你们所看到的,一般速度——我的意思是指我们能合理想象出来的速度——的γ因子实际上等于1。只有当速度接近光速时这个因子才会明显偏离1。

在爱因斯坦讲解的同时,我画了一条曲线,示意出作为速度的函数的γ因子(见图9.3)。我是凭着记忆画的,因为我在大学讲课时经常展示这个图。我拿给牛顿看,他看得很认真。然后牛顿就字斟句酌地讲起来。

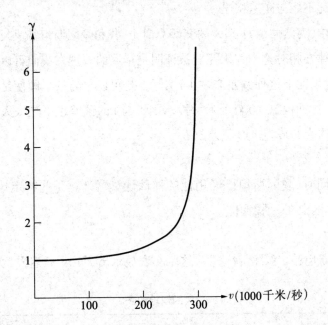

图9.3 γ因子是物体的速度v的函数。只要v与c相比很小,使得γ因子很小,时间延缓效应就可以可靠地忽略。只有当速度大于100 000千米每秒时,γ因子才变得显著,并且速度越接近光速γ因子就越大。注意,光速永远也不可能达到,因为那就表示一个无穷大的γ因子。

牛顿:考虑γ因子的数学表达式,我们发现越接近光速这个因子就变得越大。可是光速却永远也达不到,更准确地说,任何一个具有质量的物体都不能达到光速,这是因为,如果v等于c,那么γ因子就将变成无穷大。

牛顿走来走去，几分钟后他又接着说起来。

牛顿：光速确实和其他速度不一样，它是对空间和时间或者更恰当地讲是对时空的结构具有最基本含义的量。相比之下，即使是诸如时间本身这样一些概念也黯然失色。毕竟，时间是什么呢？你可能认为，世界上再没有什么东西比时间的流逝更稳定、更可靠了；然后你又发现时间可以像橡胶带一样，可以随心所欲地延缓。你只须想象一下，一艘速度为290 000千米每秒的宇宙飞船经过我们时，时间将会慢4倍。

可是，空间又怎么样呢？我们还没有真正地谈及它。在今天我听了这些之后，如果说空间像时间一样不稳定，或者说它也是依赖于观察者的一种现象，我就不会对此感到惊讶了。

爱因斯坦：牛顿你说得对，你对空间的猜想将会被证明是正确的。可是，我们会在另外的时间讨论它。尽管存在时间延缓，但我发觉我们自己这里的时间过得很快。已经1点多了，该吃午饭了。我提议我们结束上午的讨论，集中精力去解决一个具体问题：好好吃一顿。

我和牛顿都同意。像往常一样，我们在阿尔贝格饭馆吃了午饭。午饭后，我们决定利用这么好的天气外出，这是几天前就计划好的。我邀请爱因斯坦和牛顿乘汽车前往图恩湖和布里恩茨湖玩一个下午。经过愉快的旅程，又在布里恩茨湖畔尽情地散步后，晚上我们回到伯尔尼，感到既轻松又惬意。

整个下午，我都在悄悄地观察着牛顿。他异乎寻常的平静。显然他也欣赏山峦的美景，可他的思绪仍萦绕在上午的讨论上。牛顿固有的世界观开始波动，或者说得更糟，是开始崩溃。下午我们暂停讨论是件好事，这使牛顿有时间消化一下新的东西。

我不由得想起当我还是名16岁的高中生时，就开始了解相对论的基本思想。当时，我感觉自己就像个登山者，出发时还是能见度很好并且信心十

117

足,可是忽然间发现乌云密布,对前途也毫无把握。为了找到出路几个小时也毫无进展。最终登山者出现在云层之上,在灿烂的阳光之下,立足于壮观的山峦美景之中。此时,登山者又可以继续前进了。

牛顿仍穿越在迷雾之中。但我敢肯定,不久他就将走出云层。很快,他就会看到爱因斯坦于1905年首先发现的空间与时间的全景。

第十章 快μ子寿命更长

次日上午,我从家里直接赶往克拉姆小巷。爱因斯坦已经到了那里。几分钟后,牛顿顺着螺旋状的楼梯爬了上来。

令人惊奇的是,他显得兴致很高,愉快地同爱因斯坦寒暄。

牛顿:我亲爱的爱因斯坦,你也许正瞧着一个睡眠不佳的人,但是此人现在能够有把握地说他至少已经理解了你的理论的基本思想。因此,让我们郑重地开始上午的聚会吧。我必须承认,有几个问题仍在困扰着我。

我们在爱因斯坦的客厅坐下来,尽情享受简朴家具带给人的舒适和安逸。

牛顿:毫无疑问,我们昨天的讨论会是我所参加过的最有趣的科学聚会之一。我感到吃惊的是,你当初如何从一个简单原理——已被实验证明了的光速普适性原理——出发来建立起你的相对论的整体结构。昨天讨论的要点,即时间延缓,是这一结构的最重要组成部分之一,也许就是最重要的部分。

然而,物理学是一门实验科学。即便是最精巧的理论体系,只要有一个实验结果不能证实它的预言,这个理论体系也将坍塌。我现在请教你们二位:如今有什么实验检验了相对论?它和我的力学固然没有直接冲突,但是前者在物体做极快速运动的情况下或多或少地扩展了后者。相对论已经完全被实验证明了吗?如果是这样的,亲爱的爱因斯坦,那我就太高兴了,因为我目前看不出解决光速的普适性所带来的难题的任何其他途径。

爱因斯坦:我第一篇关于相对论的论文的确含有很多思辨的成分。但不久结果就表明我的那些想法其实可以毫无矛盾地发展起来。创立一个相对论性的力学新版本是可能的,从而使我们获得快速运动物体的动力学的自洽图像。

我拿不准最近的实验检验结果究竟如何。自从回到伯尔尼,我一直试图获得最新信息,但我时间太少,无法完全做到这一点。据我所知,没有任何实验同相对论矛盾。不过我们有位专家就在这里。哈勒尔,你是我们奥林匹亚学会的成员,我恳请你帮助我们。

哈勒尔:艾萨克爵士,我首先应该强调的是,到目前为止我们只讨论了爱因斯坦理论的几个方面,其中之一是时间延缓。依我看,相对论的一个更重要的方面还有待研究,我们稍后将予以探讨。而眼下我只对时间延缓的有关研究略加评述。

我们该如何测量时间延缓呢?原则上,我们只须观测时钟在快速运动的载体,比如火箭上的运行。然而,怎样才能获得我们需要的极高速度呢?要想获取可测量效应,载体的运动速度应该接近光速。即便借助于所有可自由支配的技术手段,人们今天依然无法将一个宏观物体加速到如此高的速度。

爱因斯坦:当然,时间延缓效应的确存在于所有运动的时钟之中;但在相对低速的情况下,这种效应其实并不显著。倘若可以获得极其精确的时钟,我们或许能够以今天火箭所达到的比较适中的速度来测量时间延缓。诸位以为如何?

哈勒尔：能否以适中的速度，比如说每秒几十或几百千米，测量时间延缓，实际上依赖于人们用来做实验的时钟的精度。让我们暂时绕过与之相关的技术难题，但我向你们保证我们还将回到这些问题上来。让我们来思考怎样才能测量几乎以光速运动的物体的时间延缓效应。

虽然在普通实验室里面无法把宏观物体加速到如此高的速度，但是对于像质子和电子这样极微小的物体我们却能够做到。你甚至不必亲临实验室，大自然为我们提供了丰富的快速运动的粒子。

牛顿：好吧，假设我们观测一个快速运动的粒子，比如你提到的电子。你将如何在电子的系统里测量时间呢？你总不能把时钟捆在电子的脖子上吧。

哈勒尔：当然不需要那样做。有一个诀窍可以避免上述难题。我们不采用电子，而使用具有内置时钟的粒子做实验。假设我们观察这样一个粒子，它恰好1秒钟之后通过某种固有的方式衰变，比如弱核相互作用的方式。

爱因斯坦（持怀疑态度）：我们的宇宙中存在这样的粒子吗？

哈勒尔：自然界存在很多不稳定粒子，它们产生之后不久就衰变掉了。不错，并不存在寿命严格为1秒的粒子——这里旨在诠释原理。

现在来观察一个寿命为1秒的粒子，它相对于我们静止。所发生的过程很明确：1秒整之后粒子将衰变并产生几个次级粒子（secondary particle）——不必在意衰变过程的细节。

我们再来考虑另一个同类粒子，它相对于我们以速度v运动。开始时v取一个小值，但随后逐渐增大。只要v相对于光速来说很小，我们仍将看到粒子在1秒钟后衰变。

这很容易测量。我们只须关注粒子从产生到衰变的径迹。径迹的长度就等于速度v乘以粒子的寿命，即1秒钟。如果粒子的速度为1千米每秒，它将恰好行进1千米，然后衰变掉。

牛顿：对不起，哈勒尔，我打断一下，我相信我知道你想说什么。如果我们加速该粒子，比如说使其速度达到100 000千米每秒或更高，时间延缓将开始显现,γ因子就变得重要了。那么在我们看来该粒子存活的时间比1秒钟要长。对于静止的观察者而言,它的寿命将等于1秒钟的γ倍。

哈勒尔:完全正确!一个粒子从它产生出来的位置到它衰变的位置之间的径迹长度不单单由它的速度决定,而是由它的速度乘以γ因子给出。举个例子:假设粒子以相当于光速的99%的高速运动;也就是说,它的速度达到297 000千米每秒。如果不存在时间延缓,这个粒子将在空间穿行297 000千米,然后衰变掉。对于这样的速度,它的γ因子是很可观的——精确地说,γ = 7。这意味着粒子穿越空间的距离7倍于297 000千米,即大约200万千米。自然,时间延缓与否的差异是巨大的。这种效应在实验中不可能看不到。

爱因斯坦:我承认这是个非常有意思的试验,然而,你先前告诉我们说自然界并不存在寿命为1秒钟的粒子。因此你的试验其实无法以这种方式实现。我们应该怎么做呢?

哈勒尔:一个切实可行的试验与上述方案相比仅仅稍有不同。今天我们知道存在一些粒子其实可以用来做这类实验。我只提一下有关试验中最为人所知且最令人难忘的一个,它采用的是μ子。μ子是一种特别像电子的粒子——你可以把它们看作电子的兄长,只不过体重较重而已。μ子的质量大约是电子质量的200倍。

爱因斯坦:真不可思议!μ子似乎是很不寻常的粒子。你知道它们缘何存在吗?

哈勒尔:没有人知道这一点。它们似乎像花园里的杂草一样毫无用途。况且μ子也不稳定,所以它们对宇宙中稳定物质的结构好像不起任何作用。

牛顿:也许爱因斯坦从造物主那里特地订购了这些μ子,使得他能够令人信服地证明自己的相对论。事实上,假如我们可以借助μ子测量时间延缓的话,那它们就不是一点用处都没有。

爱因斯坦:牛顿,如果我真的订购了什么,那么为了方便起见我宁愿订

购的是哈勒尔的寿命为1秒的粒子。先生们,别再开玩笑了! 讲讲μ子是如何衰变的吧。

我画了一幅μ子衰变的示意图。

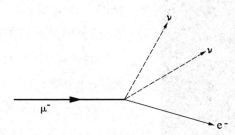

图10.1　μ子衰变:这里一个带负电的μ子衰变成一个电子和两个中微子。中微子是电子与μ子的电中性伙伴。它们也许像光子一样没有质量,但这一点还没有得到实验证实。

哈勒尔:μ子在1937年被探测到,当时设计这种实验的目的是研究宇宙线(cosmic ray)。

牛顿:对不起,宇宙线究竟是指什么?

哈勒尔:快速运动的粒子始终在宇宙空间穿行,其中大部分是质子,即氢原子核,但也有一部分是其他元素的原子核——比如说氦,或者像碳或铁这样的重元素。

所有这些粒子通常以接近于光速的速度运动。当它们同外层大气中的原子核碰撞时,会发生轻微的爆炸。爆炸是由粒子间的反应所引发的,通常很复杂,因而我暂时不作详细讨论。总之,这些反应产生了μ子。μ子几乎是以光速飞离碰撞点,其中许多到达地球表面。我们的身体时刻受到这些粒子的轰击。它们常常击中并摧毁人体内的个别原子核。

爱因斯坦(仔细看过我的草图):根据你的草图,μ子衰变后生成了3个粒子。

哈勒尔:是的,电子接受了μ子所携带的电荷;而其他两个粒子是电中性的,叫做中微子。探测中微子十分困难,因为它们实际上不与物质发生相

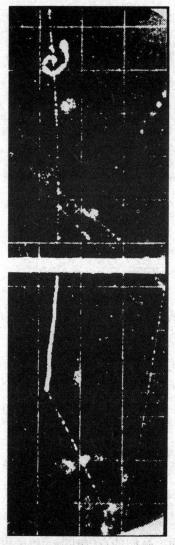

图10.2　μ子衰变：这里一个带正电荷的μ子从上方穿过被称做云室的探测器。它的径迹在云室里是由微小的水滴形成的可见轨迹，类似于喷气式飞机在大气中飞行时机尾形成的径迹。μ子穿过一块铝板，在这一过程中它被减速并衰变成一个正电子（浅淡的径迹）和两个中微子（这里看不出来）。正电子是电子的携带正电荷的同类；或者更准确地说，它是电子的反粒子。

互作用——当然也包括用于制作探测器的物质。

这就是在20世纪60年代初期之前μ子衰变的细节迟迟得不到解释的原因。我们的目的实际上不在于细节，重要的是我们能够观测μ子衰变。人们通过观测μ子释放出来的电子来测量μ子衰变。

现在转到μ子寿命究竟有多长的问题上来。有人已经证明，不可能确定一个精确的时间点，在那之后μ子必定会衰变掉。我们只能确定μ子衰变的概率——说得更准确点，是很多μ子的衰变概率。假设我们跟踪1000个同时产生且处于静止状态的μ子。我们将会发现，仅仅1.5微秒这么短的一段时间之后——也就是说，百万分之一点五秒之后——恰好半数的粒子，即500个μ子，已经衰变了。再过1.5微秒，半数剩余的μ子，即250个，将发生衰变。1.5微秒就被称做μ子的寿命。

如果知道了μ子的寿命，那就容易阐明它从产生开始作为时间的函数的存活概率。时间越长，概率越小。

我用一张纸画出了此函数的近似图（见图10.3）。

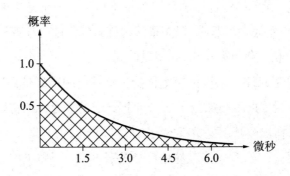

图10.3　这里把μ子的衰变概率绘制成了时间的函数：在1.5微秒之内，可以看出μ子的存活概率已经降低至50%。这段时间称做μ子的寿命（或半衰期）。再过1.5微秒之后，存活概率又减少一半，降至0.25。仅过10微秒后，存活概率其实已变得非常小了，在1%的量级。

哈勒尔：你永远不可能有绝对把握声称在一定时间之后所有的μ子都已经衰变了。即便过了整整1小时，这与μ子的寿命相比其实算很漫长了，仍然会有一定的也许是微小的概率使得其中某个μ子，一个真正的玛士撒拉（Methuselah）*存活下来。

爱因斯坦（不耐烦地）：够了，够了，哈勒尔！牛顿和我都懂得概率的含义。我就是一点都搞不懂为什么会涉及概率呢？μ子为什么没有独一无二的寿命？我察觉这里有问题。我不明白μ子在衰变前掷骰子的理由。它们为何不在寿命到期之后就衰变掉？比方说1.5微秒之后它们寿终正寝——这与你假设的寿命为1秒的粒子的情形是一样的。

牛顿对爱因斯坦的后几句话报以微笑。

牛顿：爱因斯坦先生，几天前我对相对论一无所知。我利用在剑桥的时间让自己对原子物理学有所了解，知道一切原子过程只能用概率来描述。

---

　　*《圣经》中记载的长寿者。——译者

这是原子理论,或者你也许愿意称之为量子理论的一个基本原理。原子理论于20世纪20年代发展起来,概率描述也许就像你的光速普适性原理一样基本而无可辩驳。顺便提一句,我亲爱的同事,我在一本书里读到你当时曾强烈地反对概率原理。据说你拒绝接受量子理论的措辞是:上帝从不掷骰子。说这话的爱因斯坦与那位于1905年把光子的概念引入物理学从而对量子理论的发展作出极其重要贡献的爱因斯坦是同一个人吗?

爱因斯坦:牛顿,我无法轻易地接受概率表述。但由于你已经提及了可能是我说过的关于上帝的那句话——而我对此毫无非议——我现在再补充一点:μ子可以在任何时候以它喜欢的任何方式衰变,然而它并不掷骰子。自然规律是清晰明确的,并非模棱两可的。也许我们目前对这些问题的理解不允许我们提出比μ子衰变的概率描述更好的理论,但是有朝一日我们肯定能够对单个μ子的衰变做出精确的预言。

爱因斯坦的后几句评论使我越发感到不自在。讨论这样进行下去是危险的,我们三人会陷入有关量子理论基础的激烈争辩中去。毕竟在生命的最后几十年爱因斯坦自始至终反对今天已被广泛接受的量子理论的概率诠释。他与原子理论的创始人之一玻尔(Niels Bohr)的辩论成为当代物理学史的一部分。我试着调整讨论的方向。

哈勒尔:先生们,我提到μ子衰变只是要举例说明时间延缓。无论如何,我无意煽动有关量子理论的争吵。我建议大家别纠缠于原子物理学与量子理论,回到我们最初关注的问题吧。我们唯一需要的是μ子的寿命,μ子衰变的概率表述是反映了这一量子过程的深层性质还是仅仅反映了我们对μ子内部行为的细节的无知,对此我们暂且不管。

牛顿表示赞成,爱因斯坦也点头同意。

牛顿：不过，我希望以后有空我们再回过头来探讨量子理论的概率问题。其实，我对这一问题的兴趣更胜过对相对论中的时空问题的兴趣。

哈勒尔：那好，回到μ子上来。只要我们检测许多μ子的衰变，便能轻而易举地确定它们的寿命；其数值就是我先前提到过的1.5微秒，此乃很短暂的时间。这意味着μ子是可以当时钟来用的粒子。我们最起码能够用它来测量1.5微秒的时间。顺便提一句，对于粒子物理学家来说，正好相反，1.5微秒可不能算是特别短暂，在这么一段时间内光传播了将近500米。如今我们有能力测量比μ子寿命小很多个数量级的时间间隔。

牛顿：等一等！你早先不是说在地球表面可以发现许多由宇宙线撞击我们这个行星——或者更确切地说，撞击我们的大气层上层——而产生的μ子吗？你也说过μ子几乎像光那样快地运动。因而我们预期μ子在衰变之前大约在空间穿行500米。也许有些μ子能穿行2千米或3千米。但平均而言，它们的行程应该不超过1千米。好了，地球大气层可比1千米厚得多，怎么也有30千米吧，那么μ子是如何穿越大气层到达地球表面的呢？难道我们不能认为实际上所有μ子在穿越大气层上层的过程中早就衰变掉了吗？

牛顿猛然离开椅子，在地板上踱了一会儿步，然后拍拍爱因斯坦的肩膀。

牛顿：爱因斯坦先生，我相信你赢了。到达地球表面这儿的μ子提供了证据。μ子穿行这么远当然不存在问题——是时间延缓使得它们的飞行距离比我们依其寿命所作的天真预测远得多。这一点类似于哈勒尔先前讨论过的假想粒子。

爱因斯坦(转向我)：怎样定量地证明时间延缓呢？仅仅靠观测地球表面这儿的几个μ子，我们恐怕不能得出结论说相对论是正确的，尽管事情看起来有利于我，或者更确切地说，有利于相对论。

哈勒尔：不过，牛顿的结论是合理的。对μ子来说，如果没有时间延缓的话，情况就显得糟糕了，它们就没什么机会到达地球表面。我们知道，大多数μ子产生于海平面上方约15千米处,若不存在时间延缓,半数μ子移动500米之后就会消失。容易推测,只有极少量μ子——大约十亿分之一——会到达地表。在地球表面附近发现μ子的机会是很少的。然而,那里存在很多μ子。解释该现象的唯一途径是,假设研究人员在地球表面所探测到的快速运动的μ子不如静止或低速运动的μ子那样衰老得快。时间延缓是关于这一现象唯一被广泛接受的解释。

爱因斯坦(没有罢休):那听起来很令人信服,但是相对论并非仅仅预言了运动系统中的时间延缓。毕竟,你可以精确计算延缓效应,它是速度或者γ因子的函数。然而,怎样做定量检验呢,比如说利用μ子衰变?恐怕宇宙辐射产生的μ子并不十分适合做实验吧。

哈勒尔:不幸的是,我必须同意你的观点。好在我们并不是非依赖源于宇宙线的μ子不可。有许多核物理学与粒子物理学的实验室,在实验室中我们可以产生高强度的μ子束流。当然,产生这些束流的目的并非只是为了检验相对论。任何一位严肃的物理学家都不怀疑相对论的有效性。我们把μ子用于其他目的——比如说,用于确定原子核的内部结构。

1976年在CERN做了一个实验,以详细验证相对论的预言。通过粒子对撞而产生的μ子被立即导入环状真空管。它们运动得比较快,其速度大约是光速的99.94%。

与源于宇宙线的μ子相比,人工μ子的主要优点是我们确切地知道它们于何时何地产生并且以多快的速度运动。这使我们具备了精确地定量检验时间延缓的先决条件,从而验证相对论。磁场保证μ子以恒定的速度在环中运动;它们基本上被储存在那里,因而我们把这种设备称做储存环。

牛顿:可是,在这个实验里你怎样确定环中的μ子何时衰变呢?

哈勒尔:这不成问题。储存环周围环绕着粒子探测器,它们能够记录从衰变的μ子产生出来的电子。实际上,所有这些电子都是在μ子衰变过程中横向发射出来的。它们离开储存环,并且总会飞过某个粒子计数器。

爱因斯坦:通过这种途径测量时间延缓,真是太迷人了!仅仅记录电

图 10.4　在 CERN 用于详细研究时间延缓的储存环。μ 子被储存在一个环状的真空管中，周围环绕着粒子计数器。这些粒子计数器借助于反应过程中所释放出的电子来记录衰变的 μ 子。

证明时间延缓是这一实验的副产品。该实验的主要目的在于精确测量 μ 子的磁性。(承蒙 CERN 惠允。)

子数目随时间的变化，你就自动得到单位时间内 μ 子衰变的数目。如果储存环中 μ 子的数量足够大，你自然能够相当精确地测量时间延缓。哈勒尔，别卖关子了，在 CERN 到底有什么发现？

哈勒尔：当我说今天人们没有任何理由怀疑相对论的时候，我就预料到了实验结果。不过我们首先了解一下强有力的事实。CERN 的实验表明 μ 子的寿命为 44 微秒——大约是静止 μ 子寿命的 30 倍。

牛顿：等等！约为 30 的这个因子也许就是 γ 因子。我们检验一下这是否正确。你说过储存环中的 μ 子速度是光速的 0.9994 倍，从而我们得到 γ 因子

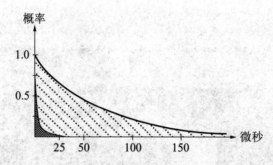

图10.5　CERN观测到的μ子衰变概率(阴影部分),对应于44微秒的寿命。作为对照,交叉区域表示μ子在静止时的分布。如果不存在类似于时间延缓的现象,交叉区域将会被观测到。CERN的实验给出γ因子大约为29,与相对论的预言符合得极好。

$$\gamma = \frac{1}{\sqrt{1-\left(\dfrac{v}{c}\right)^2}} = \frac{1}{\sqrt{1-(0.9994)^2}} = 28.9 \, .$$

先生们,对此还有什么话要说吗?

牛顿一会儿就算出了这个结果。

哈勒尔:测量结果与相对论的预言精确相符,误差大约为0.2%。

牛顿看看爱因斯坦。爱因斯坦正开心地凝视着窗外。

牛顿:爱因斯坦,如果CERN的物理学家观测到偏离相对论的结果,你会怎样?

爱因斯坦:牛顿,我宁愿不回答这个问题。你自己刚才说过,看不出有其他解决光速恒定与普适性问题的方案。相对论显而易见不可能是错的。如果我们仁慈的上帝没有想出这一解决方案,我会替他感到非常惋惜的。

130

　　出自爱因斯坦之口的这番话听起来好笑,但绝非妄自尊大。三个奥林匹亚学会的成员全都放声大笑。几分钟后,克拉姆小巷中毫无疑心的过路人也许会看见三位绅士高谈阔论地走出49号寓所,奔向熊苑广场附近的一家小酒吧,去消磨近午的时光。

第十一章　双生子佯谬

2点钟左右我们返回爱因斯坦的寓所。午餐时我有意避免谈及相对论，我们改谈探测粒子的各种方法。我们在午餐期间和随后沿着阿勒河散步时的讨论涉及盖革(Geiger)计数器、云室、气泡室、火花室、丝室，以及其他诸如此类有助于我们发现基本粒子经过时留下径迹的装置。所有这些基本粒子物理学的细节对于非物理学家而言并没多少趣味。

我们一到达爱因斯坦的寓所，牛顿就把讨论引回到时间延缓上来。

牛顿：我们知道时间延缓影响所有运动的系统，比如飞机或汽车，因此我们应能通过在其中安置高精度的时钟来探测时间延缓。这主意如何？

爱因斯坦：好的，让我们做个思想实验来澄清问题。假设我们携带一个高精度的时钟并驾驶汽车以120千米每小时左右的恒定速度往返于伯尔尼和苏黎世，那大约要花上2小时。

爱因斯坦拿起铅笔做了简单计算。他很快就在纸上得到了结果。

爱因斯坦：在这种情况下 v/c 比值极小，为 10^{-7} 的量级。这意味着 γ 因子与1的差别仅为 6×10^{-15}。我们将行驶2个小时，或者说7200秒；时间延缓效应最终会使我们的时间伸长 6×10^{-15} 倍,将此倍数乘以7200秒,其结果不足 10^{-10} 秒。当我们返回伯尔尼并把我们的时钟与当地始终静止不动的时钟做比较时,我们应该观察到大约 6×10^{-11} 秒的时间差。

哈勒尔: 我恐怕不得不让你们失望了。这么微小的时间差是无法用我们今天所拥有的时钟来测量的。正如我先前说过的那样,最好的原子钟达到了 10^{-14} 的精度,而这比我们刚刚讨论过的情形里所要求的精度*要低一点。

要想使时间延缓效应确实可测,我们就不得不把汽车的速度提高到10倍,以1200千米每小时的速度飞奔苏黎世。没有任何汽车会跑得这么快,而且我们那样做会超出120千米每小时的瑞士限速,超出了1000千米每小时还多。

爱因斯坦: 飞机怎么样?据我所知,飞机的速度可以轻易地超过每小时1000千米。

哈勒尔: 的确,高速喷气式飞机已被用于这类实验。假设我们乘坐喷气式飞机以1000千米每小时的速度飞行,环绕地球一周的总飞行时间将为36小时。在这种情况下,γ因子相对于1偏离了 0.5×10^{-12}。整个飞行期间的时间延缓效应是这个数字乘以 36×3600 秒,导致约 10^{-7} 秒的时间差,可以轻而易举地测出来。

20世纪70年代初期,华盛顿美国海军天文台的科学家们进行了一次简单的实验,让一个物理学家乘坐班机环绕地球一周。旅行中他在座位旁边安放了几个原子钟。当他返回华盛顿之后,人们把这些钟与一直留在华盛顿的相似的钟作了比较。结果确实如此,旅行的钟走得稍微落后于静止的钟,完全符合爱因斯坦的理论。顺便说一句,和CERN的μ子实验相比,这是一个花费不多的实验。仅仅花钱买了两张飞机票,物理学家一张,他的钟一张。

牛顿一直十分专心地听着。

---

* 即分辨出γ因子相对于1的细微偏离所需要的时钟精度,也就是 6×10^{-15}。——译者

牛顿：行了，爱因斯坦。我认为我们没有必要进一步证明时间延缓了。我现在完全相信不依赖于观察者的绝对时间是不存在的。然而，时间是一个多么不可思议的现象啊！时钟在运动的时候就走得比较缓慢。

牛顿摇着头，起身走向房间的一角，那里立着一台老掉牙的落地式大摆钟。很明显，钟的指针已有很长时间不走动了。他注视了一会儿钟盘，然后拨动钟锤，于是在安静的房间里响起了清晰的滴答声。

牛顿：我们仍然不知道时间究竟意味着什么。假设我把这台钟以及所有其他时钟，包括所有也可以充当时钟的原子等等，统统移出房间，那么我将面对一间空房：我究竟还有没有时间呢？还会存在时光流逝吗？如果存在的话，到底是什么在流逝呢？时间会脱离物质而存在吗？我们何时才能最终得到关于这一切的答案呢？

牛顿踱步来到窗前。他向外眺望，目光越过克拉姆小巷，陷入沉思。我建议短暂休息一下。该轮到爱因斯坦准备茶点了，牛顿和我就坐在那里，顺着我们各自的思路继续讨论。

牛顿：昨天夜里在上床睡觉之前那一会儿，我散步到了大学。当我仰望苍穹之际，我意识到我们可以利用时间延缓效应，借助于高速运行的火箭去探索我们的银河系，甚至抑或其他星系。

几天前在剑桥，我阅悉光从地球传到位于我们的银河中央的恒星需要大约3万年。我们一直十分天真地确信，很少活过100岁的人类绝不可能承担那种旅行。但情况并非如此，如同我们从 μ 子那里得到的启示。时间延缓帮得上忙，说得更确切点，倘若我们能够造出宇宙飞船，其速度如果不严格等于光速的话，也可以接近光速，那么时间延缓就会帮上忙了。那将有怎样惊人的潜在价值展现出来啊！被禁锢在地球上的人类就能够探索遥远的太空。你以为如何？这听起来现实吗？

哈勒尔：艾萨克爵士，原则上你是对的。但可惜仅在原则上是对的。你可得记住，我们在μ子的情形中之所以得到显著的时间延缓效应，即 $\gamma = 30$ 的时间伸展因子，只是由于这些粒子以大于99%的光速的速度穿行于空

图11.1　离我们的银河系最近的仙女星系，与地球的距离大约为250万光年。它的尺度大体是银河系的2倍，包含了大约2000亿颗恒星。有充分的理由相信有数以千计的类似于我们的太阳系的星系存在着。如果一艘宇宙飞船能够以接近光速的速度飞行，它造访仙女座在原则上应该是切实可行的。然而，当返回地球的时候，宇航员们会发现在他们居住过的行星上时间已经过去了大约500万年。

间。以今天的技术,不可能把一个宏观物体,无论是一颗子弹还是一枚火箭,加速到接近光速的速度。不过让我们暂时撇开这个技术难题。

一个人若要用30年的时间从地球飞到银河系的中心,相应的γ因子就得取30 000 ÷ 30 = 1000。若没有γ因子,即不存在时间延缓的话,整个计划是毫无指望的。在30年的航行期间,宇航员的速度接近于光速,他飞行的距离略小于光同期所传播的距离。他走得仅比从地球到我们的太阳周围的恒星的距离稍远一点。确定γ = 1000所对应的速度是件容易的事。

这时爱因斯坦端着茶水走进了房间。他显然已无意中听到了我们的对话。

爱因斯坦: 艾萨克爵士,你真的没变,仍旧关注着天宇。就我而言,我承认我生活在我们这颗古老的小行星上觉得非常惬意。作为我们的太阳的一个伙伴,地球在太空中穿行得也很快。你能想象出有什么东西好于地球飞船,即一个拥有湖泊、绿色森林以及像伯尔尼这样的城市的运载工具呢? 好吧,牛顿,让我们看一看,要在30年内到达银河系中心,你得以怎样接近光速的速度飞行。

在这之前,我已经做了一点计算。γ因子由公式

$$\gamma = \frac{1}{\sqrt{1 - \left(\dfrac{v}{c}\right)^2}}$$

给出,所以我们可以用

$$\frac{v}{c} = \sqrt{1 - \frac{1}{\gamma^2}}$$

来计算我们的飞船的速度与光速c的比值。当γ = 1000时,我们得到

$$\frac{v}{c} = \sqrt{1 - 10^{-6}} = 0.999\ 999\ 5.$$

哈勒尔：艾萨克爵士，你看到了吧，太空旅行者需要以几乎等于光速的速度飞行。我们马上就会发现把一艘宇宙飞船加速到那个量级需要极大的能量。以今天的技术那是做不到的，而且我认为在不远的将来那也不切实可行。

牛顿：好的，哈勒尔。我意识到了去银河系中心旅行或者仅仅飞抵邻近的恒星目前仍属于幻想。然而，我们即使不能亲身去旅行，也可以在我们的思想里旅行。正如爱因斯坦喜欢说的那样：我们可以做个思想实验。

昨天夜里我在想，乘坐一艘快速宇宙飞船飞抵某个星球然后再返回地球，发现时间在地球上比在宇宙飞船中流逝得快，这应该是做得到的。

爱因斯坦：你的想法毫无问题。让我们假设一个太空旅行者乘坐飞船以 260 000 千米每秒的速度离开地球。这一速度差不多对应于γ = 2。我们进一步假设这位太空旅行者把他的双生兄弟留在了地球上。他离开时年纪为30岁。远离地球旅行了10年之后，他操纵制动器使飞船转弯，朝向地球以最短的轨道飞回。再经过10年他回到了地球上，年龄已到了50岁。抵达地球之际他发现他的双生兄弟已经老了40岁，刚刚庆祝完自己的70岁生日呢。

牛顿：爱因斯坦，你刚才描述了相对论的一个迷人的应用实例。我得承认我还没有考虑过生命以及人衰老的过程与时间延缓的关系。但足以肯定的是，如果时钟在运动时走得慢些，即运动使时间延展，那么诸如自然衰老等人的生命过程也就会延缓。

哈勒尔：谨慎点，艾萨克爵士。像你刚才所说的那样，人们也许会考虑利用时间延缓作为青春活力的源泉来玩衰老过程的魔术。那自然是做不到的。时间延缓毕竟只是被束缚在地球上的观察者看到的表面效应。在宇宙飞船上，说得更确切一点，在随宇宙飞船一同运动的参考系里，包括宇航员体内的化学和生物过程等所有过程都按照典型的情形发生着，就像在地球上所发生的那样。仅仅对于地球上的观察者而言，如果他有可能在很大且不断变化的空间跨度上注视这些过程，它们才似乎放缓了。打个比方，太空旅行者的心脏每分钟跳60次。假如他那在地球上的双生兄弟借助于适当的无线电信号做记录,他会得到每分钟30次的心跳读数。宇航员的脑电流,或者说他的思想过程,将同样地显得缓慢下来。

因此,时间延缓并不能帮助我们获得额外有益的可以用来生活的时间。当太空旅行者最终返回地球并发现自己比双生兄弟年轻20岁时,他注意到从离开时算起他生活的时间和内容,包括思想活动和吃喝拉撒睡,样样都只有他兄弟的一半。

爱因斯坦:恐怕他所经历的比这更少。被关在空间狭窄的飞船里达20年之久一定是可怕的。如果让我选择的话,我宁愿坚持在地球上过惬意的生活。我若有个双生兄弟,我就送**他**上太空。

牛顿:所以我们并不能借助于爱因斯坦的时间延缓来创造青春之源泉。但我想到了另一个问题。让我们再考虑一下那两个双生兄弟,其中一个呆在地球上,另一个以恒定的速度远离地球,然后折返,并以同样的速度飞回地球。这对双生兄弟都处于惯性系。

哈勒尔,正如你刚刚提到的那样,地球上的双生子如果能够看见他那在太空中的兄弟的生活过程,那么他观察后者的时间延缓就不会有任何问题。然而,两个双生兄弟之间并不存在本质的区别:如果宇航员回顾他那在地球上的兄弟,他会注意到相同的时间延缓;从他的惯性系来看,他的兄弟和地球都在太空穿行。这使得他预料,当他回到地球时,是他本人而非他那留在地球上的双生兄弟变老了。我必须承认,对我而言,整个事情看起来疑云重重——地地道道的双生子佯谬(twin paradox)!

爱因斯坦(呷着他的茶):我一直在等待这样的异议。你有一点是对的:如果一对双生兄弟在各自的惯性系相对匀速运动,那么没有任何理由偏爱其中的一个。当双生子们考虑处于运动中的太空旅行的兄弟时,他们都观察到时间延缓。然而,两者的情形并非如此平等。地球上的双生子与太空中的双生子之间有着一个重要差异:太空旅行者远离地球,在一个给定的时间之后返回,这意味着他不可能始终沿着一条直线做匀速运动。他在某一地点不得不减速转弯,然后朝相反的方向使飞船加速。他转弯时并不处于惯性系。这意味着我们对时间延缓的观察,特别是有关γ因子的计算,并不适用于太空旅行者的整个运动过程;但却适用于地球上的双生兄弟的运动。

这绝非对等的情形。太空旅行者处于不利的境地;与他那身处地球的兄弟不同,他得经历减速、转弯与再加速的全过程。这就是地球上的双生子最终落得个先老20年这种下场的缘由。

牛顿:我承认两个双生子之间存在差异,如同你刚才说的那样。但我们还是用这对双生兄弟各自适当的世界线来表示他们在时空中的轨迹吧,以澄清事实。

他拿起铅笔和纸勾勒出带有双生子的世界线的时空草图(见图11.2)。

牛顿:看看这些世界线,两个双生兄弟之间的差别就清楚了。处于静止状态的双生子的世界线是条直线,他那作为太空旅行者的双生兄弟的世界线显然不是直线。后者与各种加速或减速过程相关,变成一条相当复杂的曲线,在他的旅途结束处会与他那在地球上的兄弟的世界线相交。

爱因斯坦:当你把旅行者的转弯画成渐进过程而非突然反向时,你是对的。我们也应该记着旅行者并不是以全速出发的,而是得做很多加速的准备才能达到全速。但我们暂时先忽略这些细节。

牛顿:我认为那个旅行的双生子在他大部分的行程里是否以恒定的速度穿越时空并不重要;时间延缓总会发生,不论是在加速或是在减速的时候。只有把时间延缓作为技术手段用于空间旅行时,再考虑我们所论及的变速类型才重要:像宇宙飞船那样复杂的装置当然不可能受得了无限加速。

我建议我们还是举例说明。让我们假设旅行的双生子所乘的飞船以恒定的加速度离开地球,并取这一加速度等于地球上自由下落的石块的加速度。在第1秒钟,飞船的速度从零变到9.8米每秒;在第2秒的间隔之内,它增大一倍;如此类推。保持这样的加速度,你最终得到足够大的速度,使时间延缓变得显著起来。

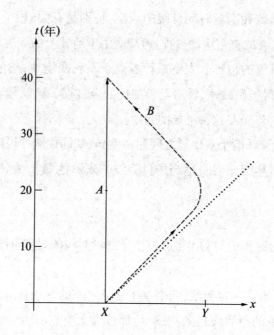

图11.2 双生子佯谬的时空示意图：始终呆在X点的双生子的世界
线平行于时间轴延伸；另一个双生子从X点旅行至Y点，转弯，返回X点。
点线表示当第二个双生子出发时从X点射出的光信号的径迹。他的旅行
几乎平行于光信号的径迹延伸：由于他差不多以光速旅行（在目前的情
况下，速度为260 000千米每秒），他的行进路线大致平行于光锥。

哈勒尔：前一段时间，我给我的大学生们出了个类似的问题。你是对
的，时间延缓效应将很快变得明显起来。我们假设旅行的双生子出发时还
年轻，他飞行的方向是仙女星系，距地球大约200万光年。在半路上，即在飞
船上已经过去了15年的时候，他停止加速飞船。

现在他开始减速，大小与先前的加速度相同。这样他将再过15年到达
仙女座所在的区域，速度变为零。

到达目的地以后，他决定使飞船加速，朝向地球返回。整整60年之后，
他终于回来了。当他着陆时，他注意到没有人还记得他的双生兄弟。原来
在地球上已经过去了400万年。

爱因斯坦：顺便提一句，在我们所讨论的情形里，宇宙飞船的均匀加速和减速对太空旅行者来说是有用的，因为他将不必考虑失重问题。由于太空旅行者的加速度与地球上自由落体的加速度相同，他感觉自己就像在地球上一样。他的加速度在大多数方面，即便不是在所有方面，会补偿地球上的引力场。

牛顿：不管怎样，即使加速度像我们在地球上所体验的那么小，但只要加速足够长的时间，时间延缓就会重要起来，这一点哈勒尔已经讲清楚了。我猜想当今的技术不允许建造一枚能产生如此加速度并持续多年的火箭。你们以为如何？

哈勒尔：问题恰恰在这儿。我们也不知道将来是否办得到。肯定要到许多个世纪之后才会有人能够利用时间延缓去证明双生子不同的变老过程。

爱因斯坦（清了清嗓子）：先生们，我的表告诉我时间已过下午6点了。我们三个人相互处于静止状态，因此我假设时间延缓对我们来说是可以忽略的，而且你们的表会显示同样的时间。我们结束今天的讨论会并去享用晚餐，好不好？

我们一致接受了他的提议。不一会儿我们就走过了仍旧熙熙攘攘的伯尔尼老城街道，去往阿尔贝格饭馆。我们经常在那个地方吃晚饭。

第十二章　空间收缩

次日上午,我们这几个小学会的成员按惯常的时间聚在爱因斯坦的寓所。当我到达时,牛顿和我们的主人已经在那儿了。爱因斯坦正在抽第一支雪茄,并不是特别好的那种;他指指隔壁,牛顿正在那里准备我们的早点。

爱因斯坦:牛顿刚才为今天的讨论会出了个题目。昨天我们详细讨论了时间,今天的主题可能是空间。牛顿确信他找到了与时间延缓相关的反例。我还是让他自己对你讲事情的究竟吧。

此时牛顿出现了,手里提着茶壶。

牛顿:哈勒尔你已经来了,好得很。我们终于可以开始了。我想请诸位考虑我昨天遇到的一个问题。我已经把这个问题告诉爱因斯坦了,它与时间延缓有关。

哈勒尔:为什么不呢?解决一个难题胜过听一堂课,即便是爱因斯坦上的课。

我完全明白爱因斯坦同意我的观点，就把话说得有点无礼。

牛顿：请允许我回到μ子问题并做另一个思想实验来说明我所关切的事情。在大气上层由宇宙辐射产生的μ子大多数以接近光速的速度穿越空间。我们知道时间延缓是μ子终能到达地球的原因，否则的话，μ子很短的寿命会使人以为它们在抵达地球之前就衰变了。举例来说，μ子以某一速度运动，其γ因子为20。从一个静止的观察者所处的参考系来看，运动的μ子比静止的μ子存活的时间长20倍。假设μ子产生于9千米高处宇宙粒子与原子核之间的碰撞，然后垂直向下朝地球表面运动。由于时间延缓效应，它还没有衰变就到达地面。为了简单起见，我们假定μ子在抵达地面的瞬间衰变掉了。

牛顿说最后几句话时，向我投来询问的目光。他对此似乎不太肯定。我给予了回答。

哈勒尔：观察那些刚到地面就衰变了的μ子对我们来说毫无问题。的确，只有极少量的μ子恰好在地球表面衰变。许多μ子在到达地球表面之前就衰变了，其他μ子在衰变之前已进入地下。有些μ子因与原子核碰撞而减速，然后在差不多静止状态时衰变掉了。不管怎样，我对你的假设没有异议。

牛顿：很好。我之所以选取9千米的高度是因为寿命刚好1.5微秒且γ因子为20的μ子在衰变之前恰好能在空间穿行9千米。如果你将1.5微秒乘以20再乘以光速（300 000千米/秒），你就得到9千米：

$$1.5 \times 10^{-6} \times 20 \times 300\,000 = 9.$$

但是我的问题来了：设想一个观察者以与μ子相同的、接近于光速的速度穿越空间。我们假设爱因斯坦本人就是那个观察者得了。

爱因斯坦（笑着）：就这样吧。如果对于追求真理有益，我准备好了以接

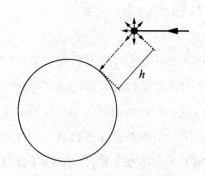

图 12.1 μ子在海拔高度 $h = 9$ 千米处产生并以对应于 $\gamma = 20$ 的速度（即接近于光速）垂直向地面运动。地球上的观察者在μ子撞击地面并衰变之前测量到它的飞行时间为 30 微秒。在其自身的参考系里面，μ子具有的寿命是用 30 微秒除以值为 20 的γ因子——1.5 微秒。因而与μ子一道旅行的观察者也会在μ子撞上地球之际看到μ子衰变，但是他记录的μ子寿命为 1.5 微秒。

近光速的速度在空间穿行。

牛顿：好的。那你就和μ子一道向地面运动；确切地说，μ子相对于你静止，而地球正以接近于光速的速度移近——此速度由γ因子取值 20 来定义。相对于爱因斯坦静止的μ子发生衰变，其寿命为 1.5 微秒。这期间它不会移动很远；1.5 微秒乘以 300 000 千米/秒恰好等于 9 千米的二十分之一，即 0.45 千米。μ子将没有机会抵达地面。矛盾就在这儿：第一种情形，μ子在空间穿行了 9 千米；第二种情形，它只移动了 0.45 千米。所以我一定在哪儿犯了错误，因为两段距离不可能同时正确。其中之一必定是错的。

爱因斯坦：亲爱的牛顿，我不认为你犯了错误。让我们更仔细地研究一下你的问题。有一件事是清楚的：μ子在空间某个确定地点衰变，比如说，就在它撞击地球的地方衰变。这一事件是客观事实，它不依赖于观察者。如果μ子刚好在地面衰变，观察者不论是静坐在撞击点旁边的椅子上还是以接近光速的速度在空间穿行，都会注意到它。因此我认为：对于静止的观察者和与μ子一同运动的观察者而言，μ子都恰好在到达地面时衰变了。

牛顿：爱因斯坦，原谅我打断你的话。很显然我没有把自己的意思表述清楚。我只是强调，你作为随μ子运动的观察者，将不会看到μ子在地面衰变。你会看到它仅仅飞行了 0.45 千米之后就衰变了，距离地球 8 千米还多呢。

爱因斯坦：我理解你的论述；然而，你得出的μ子在 8 千米以上的高度就已衰变的结论是不对的。从你指派给我的有利位置——观察者随 μ 子一道运动——来考虑问题：如同静止的观察者一样，我会记录到 μ 子抵达地面时的衰变。我们明白，μ 子仅行进了 0.45 千米就到达衰变地点。我与你在这一点的意见是一致的。可是，我的明确论点在于：时间延缓意味着时间依赖于观察者的运动状态。然而，我们还没有将空间引入这一论断，现在我们必须做了。我坚持认为，观察者运动状态的改变意味着空间结构的变化。更准确地说，空间将沿着运动方向收缩；收缩比率就等同于描述时间延缓的 γ 因子。

在我们的特定情形里，当我随同 μ 子在空间穿行时，μ 子的产生地点与地面的距离看起来不是 9 千米，而是 9 千米除以 20，即 0.45 千米。该距离正好是速度约为 300 000 千米/秒的 μ 子在其 1.5 微秒的存活时间内所能及的。

哈勒尔：相对论不仅主张一个适当的 γ 因子延长了时间，它还意味着相同的因子缩短了空间，即空间收缩。只要两者同时发生，我们就能确定光速在所有的参考系都是普适的。于是我们才能确信对发生于相同时空点的事件——比如 μ 子到达地面并在那里衰变——所做的描述在所有的参考系中都是相似的。

就在我说话的时候，牛顿突然站起来奔向窗户。他注视着繁忙的街道。

牛顿：爱因斯坦，你究竟对时间和空间做了什么？开始，你改变了时间的流动并使之依赖于观察者；现在你又建议以相同的低调方式处理空间。这让我觉得作为我的《原理》一书主题的绝对时空实际上已经荡然无存了。时间和空间是相对的，依赖于观察者——一种令人震惊的思想。

哈勒尔：艾萨克爵士，我能理解你为什么不喜欢爱因斯坦的部分结果。但那实际上不是他的过失。他既没有改变空间，也没有改变时间；他仅仅是发现了我们先前并不了解的时空新面貌。时间延缓与空间收缩是早已得到实验证实的事实,它们是光速普适性的直接后果。

牛顿:我意识到了这一点。我们毕竟不是一伙形而上学的哲学家,而是自然科学家。唯一重要的是实验事实,事实在爱因斯坦你那边。不过我仍有一件事不能理解。空间距离是用尺子测量的。就说这把30厘米长的直尺吧,它的长度怎么会依赖于观察者的运动状态呢? 如果我的理解正确的话,对于与我们所考虑的μ子一道在空间穿行的观察者来说,这把尺子就不再是30厘米了,而是30除以值为20的γ因子,即1.5厘米。

爱因斯坦:只要直尺指向我运动的方向,你说的就是对的。假设我就像μ子那样朝地球表面降落。空间收缩仅适用于观察者运动的方向。但愿这一实验仍旧是个思想实验——否则的话,实验结果一出来我也就活不成了。

牛顿:几天前在剑桥研究原子物理的时候,我了解到诸如组成这把直尺的物质的稳定性最终取决于原子的稳定性。如果我把10亿(10^9)个原子排成行,我得到10厘米的长度。该长度不随时间改变的原因只不过是那些原子的尺寸具有普适性。不论我们是在地球这儿还是在一个遥远的星系观察氢原子,结果都是一样的。氢原子的结构和半径在任何地方都不变。这一普适性在我看来非常类似于光速的普适性。作为一个快速运动的观察者,爱因斯坦断定直尺不再是30厘米而是只有1.5厘米长了,但我从一个原子物理学家的角度不能领会这一点。直尺的长度是由它所包含的原子数量决定的。要获得30厘米的长度,我得把30亿个原子排成一行。如果考虑到我已排成行的原子数目肯定不会依赖于观察者的运动状态,你们怎么指望我将尺子收缩呢?

爱因斯坦朝我打了个手势,建议我来回答。

哈勒尔:原子的数目当然不变。物质不会以那种方式产生或湮没。艾萨克爵士,你的问题有个简单的答案:原子的半径——比方说,我们知道氢原子在正常条件下半径为 10^{-8} 厘米——并不是个不依赖于观察者运动状态

的常量。空间收缩也会体现在原子尺度上。原子似乎在它们运动的方向上被压扁了。

让我们回到所举的例子。快速运动的直尺里的所有原子好像沿它们的运动方向被压缩了，我们假设其 γ 因子为20。这些原子不再是球形的了，而是椭球形的，几乎成碟状。

一个不持偏见的观察者现在也许会问原子到底是什么形状的。它是球形的还是碟状的？答案是两者兼而有之。其形状依赖于观察者的运动状态。空间的结构以及与之相关的原子及其组成的世间万物的形状皆依赖于观察者。

牛顿：你刚才说组成直尺的原子会收缩。可是，我们能证实这一点吗？一个物体的收缩仅仅意味着它相对于一个先前定义好了的标度的收缩。如果物体和标度都收缩，那就什么效应都看不到了。

哈勒尔：如果我们总是用同样的标度从事测量的话，我会同意你的意见。但在快速运动的系统里那是做不到的。我提醒你，我们是借助于光信号传播一段距离所用的时间乘以光速来测量那段距离的。当我们谈及空间收缩时，我们暗指所有的空间两点间的距离都是以这种方式测量的。

牛顿：行了，哈勒尔，我明白你的意思了。我忘记了距离是由光信号的传播时间来测量的。

爱因斯坦：哈勒尔，我们已经讨论了时间延缓的许多检验，当今似乎没有任何严肃的物理学家对此效应表示怀疑。但是空间收缩的情况如何？这一效应已被实验证实了吗？我并非怀疑自己的理论的成功，然而你知道不管理论有多么美妙绝伦，实验才是检验它的唯一标准。

哈勒尔：如同时间延缓，空间收缩

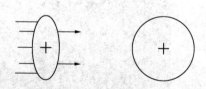

图12.2 一个快速运动的质子与一个静止的质子碰撞。就相对于靶质子静止的观察者而言，飞来的质子看起来如同一个压扁了的椭球：它的质量分布在运动方向上似乎被压缩了。

只能用快速运动的体系来检验。可供我们用来做这件事的唯一物件是快速原子核或粒子,比如电子或质子。我们知道质子是三维物体,可以被看作小球体;但质子的半径与氢原子这个最简单的原子的半径相比是极小的:它是后者的万分之一大小。现在我们使一个质子以近乎光速的速度运动,去撞击另一个质子或原子核。这样的碰撞过程相当复杂,我就不在这里细说了。但我们很明白,该过程的具体细节依赖于参与作用的质子呈球状还是碟状。

人们在CERN进行过一些此类实验,结果是明确的:质子表现得如同碟子一般,运动速度越快形状就越扁,正像你的理论所预言的那样。

顺便提一句,如果不是时间延缓和空间收缩的缘故,CERN的加速器就不能运作。相对论效应是加速器建造的要素。因此,至少就设计和建造粒

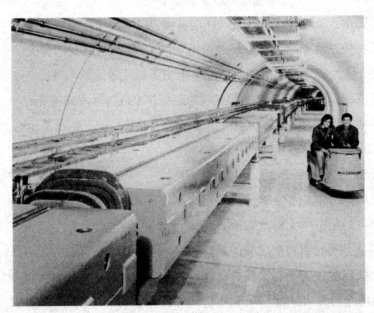

图12.3　在CERN储存SPS(超级质子同步加速器)的隧道的部分示意图。质子束在环绕着磁铁的真空管内运动。磁铁产生磁场,将质子束束缚在环状的束流管内运动。为了建造这样的加速器,人们不得不考虑相对论效应,尤其是时间延缓和空间收缩。(承蒙CERN惠允。)

子加速器而言,相对论已经成为一门工程科学。

爱因斯坦显得十分宽慰。他取出一瓶纳沙泰尔白葡萄酒和三个玻璃杯。

爱因斯坦:请别以为我曾经怀疑过相对论。对一个物理学家来说,没有什么比他的想法得到成功的验证更令人心满意足了。1904年里,我花了无数的时间坐在写字台旁思考时间和空间,70年之后,同样的这些想法被工程师们付诸实践了。结果证明它们是建造长程粒子加速器所必不可少的。我认为我们应该为有关的进展干杯。来,为牛顿先生你所缔造的科学干杯!

虽然刚到11点,但我们决定结束聚会。我们觉得该沿着阿勒河散散步了。这些日子瑞士有幸处于夏季的好天气。我们沿着河边漫步,直到发现一个诱人的饭馆才驻足共进午餐。

第十三章　时空之奇妙

午餐之后我们静静地坐了一会儿。爱因斯坦心不在焉地搅和着他的茶,看着茶叶重新聚集在杯子中央。最后,牛顿开口说话了。

牛顿: 太奇怪了,γ因子在时间方面表示标度的延展,每个时间间隔成比例地变长了;但在空间方面,相同的因子却使空间间隔变短了——我们是除以而不是乘以γ。如果我把使时间延缓和空间收缩的两个因子乘在一起,我得到的是γ因子除以γ因子——也就是说,1。

爱因斯坦(有点不耐烦):那根本不奇怪。它只不过是光速普适性的结果。否则的话,光速将在某种程度上依赖于观察者。

牛顿: 我明白这一点,爱因斯坦。但我觉得问题并不这么简单。假如这两个因子的乘积始终为1,那将意味着当观察者改变他的运动状态时空间和时间都不再保持不变,而第三个量却保持恒定。你们知道,在写《原理》一书时我对空间思考了很多。使我印象深刻的事实是,定义一个物体在空间的位置强烈依赖于所使用的坐标系,但是一段距离的长短则不依赖于坐标系。两点A和B之间的距离l(见图13.1)与坐标系无关,其平方的数学表达式为

$$l^2 = (x_A - x_B)^2 + (y_A - y_B)^2 + (z_A - z_B)^2.$$

［x_A为点A的x坐标；等等。］

我可以随意移动我的坐标系,但长度l,说得更确切一点,它的平方l^2,将不会改变;它是恒定的。以此类推,距离的大小不依赖于观察者的运动状态。

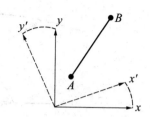

图13.1　两点A与B之间的距离不依赖于描述它的坐标系。它可以由x和y坐标确定,或如图显示的那样由相对于$\{x, y\}$集转动而得到的x'与y'坐标系来确定。

但在相对论里整个图像都变了。我们已经知道了空间两点之间的长度l不是一个绝对量,而是依赖于观察者的运动状态。两个事件之间的时间差也如此。然而,我认为你的理论含有某一确定的量,它其实始终不变——即便观察者的位置或坐标系的位置真的改变了。

爱因斯坦(朝牛顿投去欣赏的目光)：艾萨克爵士,你的思路又对头了。在相对论里的确存在某种不变量,当你从一个参考系变换到另一个参考系时,它对于所有观察者而言都是一样的。我就从另一个小的思想实验入手吧。让我们回到当初解释时间延缓时所采用的那些假想的寿命为1秒的粒子。我将假设我拥有能从某一太空站射入空间的粒子,我可以选择我喜欢的任何速度,唯一的限制就是这速度应该小于光速。

粒子在发射后1秒整衰变掉了,即它们的寿命为1秒。以此方式衡量它们的寿命仅仅在粒子本身的参考系——也就是说,在随粒子一同运动的坐标系——中是正确的。从另一方面来说,在宇宙飞船的静止参考系里,时间延缓使得发射出去的粒子存活得长一些。它的寿命在那个参考系里等于1秒乘以γ因子。

爱因斯坦取一张纸开始勾勒从宇宙飞船发射的粒子的不同轨迹(见图13.2)。他解释了他的草图,继续演讲起来。

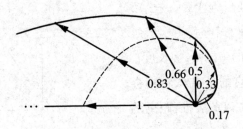

图13.2　一艘宇宙飞船朝各个方向发射寿命为1秒的粒子。在我们的例子中,这些粒子的速度随着发射方向从右到左地增大;对它们的标记以光速为单位,对应相关的箭头。(比方说,标数0.5的箭头代表以150 000千米每秒的速度飞行的粒子。)如果没有时间延缓的话,发射点与衰变点之间的距离是速度与寿命的乘积;用粗箭头表示这些距离,箭头的包络线用虚线连成螺线状。如果粒子以精确等于光速的速度发射,它们的轨迹长度将刚好为1光秒(见标数为1的箭头)。时间延缓使得从发射到衰变的轨迹被γ因子增大。这一点由加长的箭头标出,箭头的包络线呈实螺线状。这里无法达到光速极限——那将导致无穷长的轨迹。(注意,这里采用的假想粒子的寿命是经典寿命;也就是说,衰变刚好发生在粒子的存活时间消逝之后。为了简单起见,我们已经忽略了该描述与量子理论不相符的事实,后者只能给出衰变的概率。)

爱因斯坦:显然,粒子轨迹的长度依赖于它们的初始速度。如果轨迹长度为零,粒子刚好停留在原点并且在1秒之后衰变——它根本不飞行。眼下有趣的是,在一个时空图里考虑各种速度,为了简单起见,我们取空间仅有一维;我们把它称为x轴,忽略其他的空间维度。

爱因斯坦取来另一张纸,画出一个时空坐标系(见图13.3)。

爱因斯坦:在这个系统里面,我现在加入仅有的两个对寿命为1秒的粒

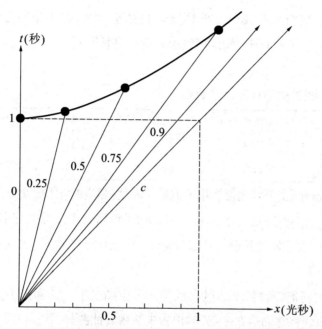

图 13.3　时空坐标系,其中牛顿加入了几个寿命为 1 秒的粒子的世界线。对于静止的粒子,世界线沿着时间轴从它的产生事件点(原点)跑到它的衰变事件点,即 $x = 0, t = 1$ 秒之处。在不存在时间延缓的情况下,对于各种运动状态的粒子,所有衰变点都出现在 $t = 1$ 秒的虚线上。时间延缓使得它们改而沿着曲线或双曲线出现。各条世界线对应于表中所列的各种情形。

子而言是至关重要的事件——粒子的产生和衰变。由于粒子在它们短暂的生存期间内是沿着直线匀速地穿越空间,因此相应的世界线在我们的时空坐标系里将是直线。

牛顿从爱因斯坦手中拿过铅笔,开始在草图上画些世界线。

牛顿: 假设我把你的时空坐标系的原点解释为粒子产生的事件。假设所产生的粒子的速度为零,因此该粒子将始终停留在 $x = 0$ 的空间点上;它的世界线将简单地表现为一条直线,从原点出发沿着时间轴移动到 $t = 1$ 秒的地方。现在我们来看其他几种情况。哈勒尔，你没有小型的自动计算器吗？何不计算一下几种初始速度情况下的轨迹长度呢？

我拿出我的袖珍计算器并算出下表：

速度 v	0.25	0.50	0.75	0.90
γ 因子	1.03	1.16	1.51	2.29
轨迹长度 x	0.26	0.58	1.13	2.07

这个表格列出了以光速为单位的粒子速度、相应的 γ 因子和粒子在衰变之前的轨迹长度。轨迹长度是由速度乘以 γ 因子得到的，因为假设了粒子的寿命刚好为 1 秒。度量轨迹长度的单位为光秒。因而 0.26 光秒 = 0.26 × 300 000 千米 = 78 000 千米。

牛顿此刻把各种粒子的世界线画入时空图之中。他标记了几个点，用一条手工曲线将它们连在一起，并出神地注视着此图。

牛顿：由于这些粒子的寿命在它们自己的静止系里刚好为 1 秒，因此它们的实际寿命在观察者的参考系里由 γ 因子给出，即 $t = \gamma$ 秒。哈勒尔教授，请你就你的表格中所列的数值计算一下 $(t^2 - x^2)$ 的大小好吗？

我自然明白牛顿的意思。我依从他的要求算出

$$(1.032)^2 - (0.262)^2 = 0.996$$
$$(1.162)^2 - (0.582)^2 = 1.012$$
$$(1.512)^2 - (1.133)^2 = 1.002$$

爱因斯坦（插进来）：牛顿，我认为哈勒尔不需要去做计算。结果是显然的。你所要的衰变事件的时空坐标的平方差 $t - x$，是一个常量；在我们的例子里这个常数等于 1。至于哈勒尔的计算器没有产生出恰好为 1 的数值，只不过是由于舍尾误差造成的。

牛顿：当我开始在时空图上画曲线时，我意识到了这个规律性。我在研究行星运动时已经见过很多类似的曲线。还是让我来精确计算那个差值吧。它等于

$$t^2 - x^2 = \gamma^2 - (v\gamma)^2 = \gamma^2(1 - v^2) = 1,$$

因为γ因子的平方即为 $1/(1 - v^2)$。这里 v 是所考虑的粒子速度，以光速为单位；所以 v 是个纯粹的数字。

牛顿朝我们眉开眼笑，他显然轻松了。于是他接着说下去。

牛顿：爱因斯坦，你真应该从一开始就挑明，当我们考虑时空事件时问题其实有多简单。我想我们应该给你的相对论取个新名字：绝对论。物理学中重要的是那种绝对有效的、不依赖于观察者立场的量或规律性。而时间坐标与空间坐标的平方差恰恰是我们已经发现了的绝对不变量。这个量对所有的观察者来说都是一样的。它是绝对的，它是一个时空不变量。我们面临奇特的时间延缓与空间收缩现象是理所当然的。每一现象只为达到一个目的，即无论如何要保证 t^2 与 x^2 之差为常量。相对论真该死！绝对论万岁！忘掉空间，忘掉时间——从现在起让我们把它们二者相提并论，称做时空；让我们只关注不依赖于观察者的量，即时间与空间的平方差。

不论是爱因斯坦还是我都从未见过牛顿这么开心。显然他已经转变成相对论的忠实信徒。

爱因斯坦：我不反对你为相对论改名，起先我自己也不喜欢这个名字。可是，我怕改名已经太晚了，所以我们最好随它去吧。不过我赞同从现在起我们应该将空间和时间合二为一，统称为时空。顺便说一下，这个提议其实并非我本人的。我以前在苏黎世的数学教授闵可夫斯基(Hermann Minkowski)在德国格丁根大学授课时，即在我的论文发表3年之后，就有过这样的提议了。

现在还是回到我们的问题上来。把平方差 $t^2 - x^2$ 写为 $(ct)^2 - x^2$ 要更准确些。每当我们不用光秒而是以米或千米等常用单位测量空间时，要明确地提及光速 c。而我们现在把 3 个空间坐标全都考虑进来。那么我们讨论过的平方差将体现为下式：

$$(ct)^2 - (x^2 + y^2 + z^2).$$

这样当我们从一个参考系换到另一个相对于前者运动的参考系时，就能看清实际发生的过程。我们已经知道，在这种情况下时间流以及距离长度都改变了。可以认为空间和时间在某种程度上相互轮换。在这一过程中不变的量是空间与时间的平方差。

这使我们想起空间坐标系的转动：转动会改变单个点的坐标，但是将保持任意两点之间的距离不变。牛顿，这一点你已经给我们指出来了。

如果我们把轨迹长度，或者更确切地说它的平方，用时间与长度的平方差代替，我们就踏踏实实地处于相对论之中了。因此，从一个静止的参考系变换到一个快速运动的参考系可以被看作时空的准转动，我们所定义的平方差在这样的转动下保持不变。

两个事件的时间与空间的平方差是唯一的绝对量并且不随观察者的状态而变化，这一点并不那么令人吃惊。让我们看另一个时空示意图。

爱因斯坦出示并评论另一个新的示意图（见图 13.4）。他谈及了时空中那些相对的被他称做类光（lightlike）、类时（timelike）或类空（spacelike）的事件。

爱因斯坦： 你们看到，时间与空间的平方差对于那些可以从原点通过光信号够得着的事件来说为零；我们称这些事件相互之间是类光的。倘若我从地球向月球发射激光束，那么由信号的发射与信号的到达所定义的两个事件彼此是类光的。这一点不依赖于观察者的状态；我们知道，当我们转换到另一个参考系时，时间和空间的平方差并不改变。身处宇宙飞船快速经过地球的观察者观察从地球到月球的激光信号的径迹，他会观察到这两个

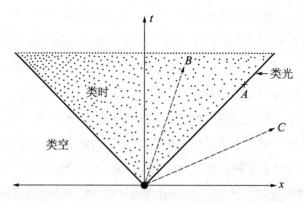

图13.4 含有一个空间坐标轴的时空示意图。在 t-x 平面上的每个点代表一个事件。全部事件可以通过与从原点发出的光信号比较而分为3组：其世界线由自原点以45°角延伸的两条直线组成。这个角度的产生是由于我们在空间以光秒为单位来测量距离。

表示光信号的两条直线构成光锥，它们包含所有平方差 $(ct)^2 - x^2$ 为零的事件。因而它们也被称做类光事件，如图中点 A 所示。光锥之内的事件(点状区域)对应于上述平方差的正值，比如点 B 或沿时间轴本身的任意点。这些事件叫做类时事件。

其余的事件处于光锥之外，例如点 C，是由时间和空间坐标的平方差取负值来区分的。它们包括了处在空间坐标轴上的事件，被称做类空事件。

事件是彼此类光的，如同我们坐在地球上观察到的那样。这是光速普适性的直接推论。

牛顿：我明白。如果没有这一普适性的话，区分事件相互之间是类光的、类时的还是类空的就没什么意义了。

爱因斯坦：我给你们举另外一个例子：考虑发生在地球这里的一个事件，比如耶稣(Christ)诞生于公元零年* ；另一个事件，比如织女星(距地球26光年)的行星上一座火山于公元30年爆发。差值 $(ct)^2 - l^2$ 由 $30^2 - 26^2 = 15^2$ 给出，它是类时的。这一差值不依赖于参考系。倘若一个宇航员在快速飞行的宇宙飞船中记录下了这两个事件，在他的参考系里这个差值会是一样的。

---

* 实际指的是公元1年。——译者

假设宇航员刚好在耶稣诞生时驾驶飞船经过地球飞往织女星,并假设刚好在火山爆发时到达织女星。由于两地的距离为26光年,宇航员为了准时到达那里,不得不以接近光速的速度飞行。我们可以立即说出宇航员乘坐飞船从地球到织女星的行星所花的时间。在他的参考系里,两个事件的空间距离为零,因为在耶稣诞生时他在地球近旁;而当火山爆发时,他处在织女星的区域。两个事件的时间间隔当然不为零,我们在上面算出它大约是15年。这意味着宇航员从织女星旁边飞驰而过时他已老了15年。

牛顿(赞许地点点头):爱因斯坦先生,即使在你的理论里面也并非什么都是相对的,这一点令我感到高兴。既然我们已经从中看到了一个绝对的量,即时间与空间的平方差,我确信你的理论是对的。然而,那个量实在不寻常。在我所处的时代,有谁会想到这个平方差将在物理学中扮演重要角色呢?无疑我没有想到,无疑莱布尼茨(Leibniz)没有想到,其他人就更想不到了。

哈勒尔:时间和空间的平方差不仅意味着空间和时间的合二为一,也显示出两者间的一个重要区别。我们涉及的是一个差,而不是一个和。倘若我们定义了平方和为不变量,我们就能谈及时间和空间的真正统一了。可是,这儿的情形并非如此。尽管观察者运动状态的改变会使时间和空间混淆,然而在任何参考系里面,空间和时间之间仍存在一个基本的差异,我们已经看到了这差异如何导致时间延缓与空间收缩现象。这一差异就表现在两个平方项之间的减号上。当我们方才说时空并非含有4个坐标轴而是(3 + 1)个——3个空间轴和1个时间轴——的时候,就暗示了这一点。

牛顿:多么不寻常的结构!爱因斯坦,为什么会是这样?为什么时空的内在结构是由这个奇怪的差定义的?哈勒尔,你怎么看?你觉得那有意义吗?

哈勒尔:艾萨克爵士,你对我的要求可真不少。到目前为止,没有人知道为什么空间有3维而时间只有1维,也没有人明白为什么空间和时间是由相对论联系起来。唯一确定无疑的是我们能够从简单的事实,比如普适的

光速,推导出空间和时间的基本性质。仅此而已。

即使在今天,科学也远远不能对这些问题给出答案。有时对我来说不可思议的是,我们甚至会问关于时间和空间的基本结构的问题。我们的世界似乎是以一种比我们根据日常经验所能猜想到的更简单的方式装配起来的。创造的蓝图似乎在某种程度上正通过空间和时间的基本结构闪现出来。它们表明某种简单性和对称性——虽然这些量绝不容易解读。我的理论物理学同事之一惠勒(John Wheeler)曾经说过,任何时候我们若想设法确定宇宙的规律,包括那些支配空间和时间的规律,我们就会惊讶于它们从一开始就并非是不证自明的;发现简单的真理是如此的困难。

爱因斯坦(已经点着了一支雪茄):牛顿,我一直以为你是个天才的实用主义者。据我所知,你从来没有问过你所发现的不寻常的质量的万有引力定律来自何处——在你的书中你肯定没有提出这个问题。还记得你的**假说不等于事实**(*hypotheses non fingo*)的声明吗?

我建议我们忠于你的原则而不试图解释时间和空间结构的根本起源。让我们把它当作已知的事物来接受,转而专注于确定它的后果。还有很多后果我们没有讨论到,其中包括与物质的动力学性质相关的现象;依我看来,那才是我们发现一些相对论最有趣最有益的推论之所在。

哈勒尔:我完全同意。在我们关于相对论的讨论中,我们已经到了非得讨论物质不可之处。从一开始我就计划在欧洲核子研究中心举行一些讨论,所以现在也许是结束我们在伯尔尼的学术会议、前往日内瓦的好机会。我已经做了安排。如果你们不介意的话,我愿意把旅行的细节设计出来。

时间已是午后了。明天恰好是星期日,大家同意一早乘我的车去日内瓦。我已经在CERN的旅馆预订了三个房间。

第十四章 质量的时空性质

　　几天以来与我们相伴的是瑞士所享有的晴朗和煦的天气。我们星期日一早就启程了。我们到达拉克莱曼(日内瓦湖)险峻的堤坝,离沃韦镇不远。我把车停了一会儿,以便大家能在对面将阿尔卑斯山的全景一收眼底。我们的脚下深处,湖水在朝阳下波光粼粼。这个歇脚处给人们提供了欧洲最精美的景致之一。

　　牛顿看上去已经对旅行有些厌倦,但是罗讷谷通往马蒂尼的景色迷住了他。最后他转向爱因斯坦。

　　牛顿:昨天你和哈勒尔暗示相对论有一些更令我惊奇之处,特别是关于物质的动力学方面。昨天夜里我试图从你们的暗示中有所领悟,可是我恐怕没有多少收获。既然你已经彻底修正了我对于时间和空间的定义,我想我的力学中的某些其他概念也需要做相当大的修改。让我们从质量的概念着手。我想知道相对论如何处置一个物体的质量,后者通常以克或千克为单位来测量。

　　爱因斯坦(微笑着):亲爱的艾萨克爵士,我太理解你了,你对自己的力学和动力学理论中的概念和定义感到没有把握。对这一点我不想细说,但是我向你保证,谈论一个物体的质量在相对论的框架下也是有意义的。事

实上，在做了一个重要修正之后，你关于质量的思想在相对论里从根本上仍旧是正确的。

在牛顿和爱因斯坦谈话之际，我把车重新启动。他们继续讨论着相对论的方方面面。我们不一会儿就离开了高速公路，沿着日内瓦机场边缘而行，上了连接日内瓦城和CERN实验室的梅兰路。当我们到达这幢综合性建筑的正门时，我把车泊好，领取了招待所房间的钥匙。几分钟之后，我们沿着一条设有安全警卫的路进入大院。

爱因斯坦（看着车窗外）：这就算是一个物理研究所？在我那个时代，所有的实验物理设备都可以轻而易举地安装在几间屋子里。这个地方看起来更像一个工厂而不像做研究的实验室。居然有人能在这么庞大的地方做研究？

对我来说，研究首先意味着不受干扰地思考和工作的自由。我很难想象这个摊子没有一个说一不二的官僚机构的话怎么运作。最起码，它需要长期规划才行。然而，依我所理解的方式而言，研究是不能做长期规划的。你需要思想和想象——每个人都明白这些是不可规划的东西。一旦时机到了，它们会自发地出现，而且常常是有心栽花花不开，无意插柳柳成荫。

哈勒尔：毫无疑问，在CERN这个地方各个实验要提前很久做好了计划，研究工作才能开展起来；这是我们这个时代的发展趋势。除此之外，我们只有通过仔细的规划才能使研究费用处于控制之中——而这当然是必要的。像CERN这样的研究机构毕竟是由纳税人的钱资助的。做物理学实验不再可能靠19世纪法拉第时代那种方式了。实验会持续几个月，有时几年；而物理学家通常专攻一个项目，这并不一定是坏事。许多科学家认为以合作组的方式工作是有利的，合作组包括来自不同国家不同大学的更小的团队。另一方面，爱因斯坦先生，你虽然像大多数理论家那样不喜欢在一个大组里面工作，那也没什么问题。如果你在CERN工作，将不会有任何官僚约束强加于你。即便是在这么大的研究机构,你也有充分的自由依自己的兴趣做研究。也许你在伯尔尼专利局还没这么多自由呢。

爱因斯坦:我亲爱的哈勒尔,算你走运,我那专利局的老板没听到你的话。顺便提一句,他也叫哈勒尔,弗里德里希·哈勒尔(Friedrich Haller);而我对他没有任何抱怨。他给了我所需要的所有自由。和呆在大学里面相比,我自然有更多空闲从事我所感兴趣的研究;大学里的年轻科学家们被迫要在短期内发表很多论文——"不发表就发臭"。今天的大学教师几乎没有时间阅读他们的同事的论文。而且你也知道,那样制造出来的论文是什么样子——多半都是应该直接进废纸篓的东西。

我们的谈话被牛顿打断了,他指向我们刚才经过的一块街牌:爱因斯坦路。爱因斯坦并不怎么在意。

爱因斯坦:亲爱的牛顿,我希望你不会嫉妒。显然我的理论在这里是有用的。尽管如此,我打赌这个地方还有一条牛顿路!哈勒尔,对不对?

我没有回答,而是慢下来指指我们右侧的街牌:牛顿路。牛顿对此显然很得意。我隐约记得他还是悄悄地估算了一下"他的"街道的大小,那是一条通往实验室高楼的旁路;并且他把它同更长更宽的爱因斯坦路做了比较。不一会儿我们到了招待所,我们的旅行也告一段落。

我们很快入住进去。赶上是星期日,我们决定利用闲暇前往附近的侏罗山脉一游。从CERN开一个小时的车经由法国小镇热克斯,顺着通往福西耶山口的盘山路上行,我们到达了侏罗高原。我们步行穿过阿尔卑斯牧场,很快来到侏罗山脉的边缘,峭壁之下便是日内瓦盆地。借助于这一有利地形,日内瓦城、日内瓦湖和远处法国境内的阿尔卑斯山的壮观景色便一览无余。我们坐下来继续我们在车里就已开始的讨论。

牛顿：爱因斯坦，现在是你做解释的时候了。在相对论里面我们怎么处理质量呢？把质量的概念与你的理论结合起来必定很困难。我记得很清楚我在我所处的那个年代是怎样定义一个物体的质量的。倘若物质由原子组成，而原子——根据我们现在的观点——由原子核和电子组成，那么我假设我们可以把一个宏观物体的质量简单地看作它的原子核与电子的质量之和。这样我们就可以局限于只考虑电子和原子核的质量了。

现在假设我用下面山谷里的CERN加速器来加速一个质子——氢原子的原子核。我们已经知道时间和空间的相对性不允许我们把质子的速度加速到超过光速。我确信，之所以做不到这一点还必定存在一个动力学理由。然而，我看不出会是什么理由，倘若在相对论中粒子质量的概念不做改变的话。原则上把质子加速到更高的速度应该是可能的。如果加速过程持续足够长时间，在某一点应该达到或超过光速。另一方面，这是做不到的，因为光速是不可超越的。所以这里面有问题。我觉得粒子的质量在高速下也许改变了；更准确地说，我认为质量也许以这样一种方式增大了，它使得粒子即便在理论上也不可能被加速到超过光速。

爱因斯坦：你具有迅速把握事物的本质的能力。还记得我今天早上告诉过你，你的质量概念稍加改变就可以很自然地用于相对论。这一改变正是你刚才猜想到的效应。在很高的速度下，粒子的质量增大了，而理论精确地表述了它是怎样增大的。

哈勒尔：如果可以的话，我举一个小的思想实验来描述这一效应。由于我不得不引进几乎以光速运动的观察者，我们最好搬进太空里面；不过我们得随身带上来复枪和木板。

我马上画了一幅草图（见图14.1）。

哈勒尔：假设木板悬在空中，我们把位置固定在距木板1千米远的地方并且相对于木板静止不动。现在我们朝木板中央射出一颗子弹。假设子弹

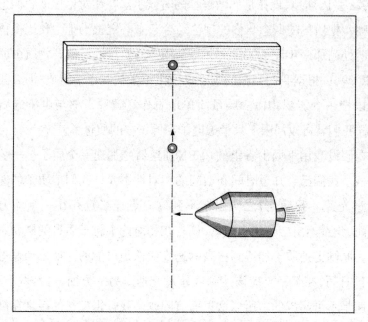

图14.1　子弹在击中木板前的轨迹。子弹的穿透深度依赖于它
的动量,即它的质量与速度的乘积。子弹的速度越大,弹痕就越深。
在匀速情况下,质量越重,子弹穿入越深。同样直径的铅弹比钢弹的
冲击程度深,其原因就在于铅比钢重。

　　对于一个身处快速驶过的宇宙飞船中记录下这些过程的观察者
而言,子弹看起来运动得要慢一些;这是时间延缓的后果。

以1000千米每秒的速率穿行于空间。开枪后1秒整,子弹击中木板,钻入些
许并滞留其内。木板随即远离我们,因为子弹将动量传递给了它。子弹射
入木板的深度依赖于它的速度和质量。速度越大,子弹射入得越深。在匀
速情形下,射入的深度随质量增大而增加。同样大小的钢弹将不如铅弹钻
入得深,因为铅比钢重。

　　牛顿:为什么不直接说射入的深度依赖于子弹的动量,即它的质量与速
度的乘积呢?

　　哈勒尔:没错,这里重要的是子弹的动量。不过现在让我们从经过的宇
宙飞船所处的有利位置来考察动量。假设宇宙飞船飞得很快,几乎以光速

运动；为了准确起见，我们取它的γ因子为10。并且假设宇宙飞船平行于木板运动，即沿垂直于子弹的方向飞行。

我们知道从相对论得出的空间收缩并不影响垂直于运动方向的方向。宇宙飞船上的观察者就像我们一样会看到木板离来复枪刚好1千米远。唯一的区别在于，对这位观察者来说枪和木板都不是静止的——它们都以接近光速的速度从宇宙飞船旁边飞驰而过。

而这儿的要点在于：由于时间延缓，宇宙飞船上的观察者会注意到子弹并非在空中飞行了1秒，而是1秒乘上γ因子得10秒。从他的视角来看，子弹不是以1千米每秒而是以100米每秒的速度射向木板。

牛顿：等一下。我们作为相对于木板静止的观察者看到子弹钻入了木板；如果我们没有看到这件事发生，我们也可以不费力地进行事后核对。假如我朝木板开枪，子弹的速度不是1千米每秒而是相对适中的100米每秒。在这种情况下，子弹只会钻入木板一小段距离。然而，子弹钻入木头的深浅是一个客观事实，这不可能依赖于观察者，因为在我们的实验中，木头明白无误地被损坏了。宇宙飞船上的观察者也许会惊异地看到子弹造成了这么严重的破坏，尽管它运动得相当慢。是不是颇为不可思议？

爱因斯坦：宇宙飞船上的观察者惊异与否取决于他所拥有的相对论知识。如果他是牛顿力学的忠实信徒，那么他当然会惊诧不已。不过，如果他相信我的理论，他根本就不会感到惊奇。理由是显而易见的。你正确地表述了对木头的破坏——更确切地说，是子弹钻入木板的深度——不可能依赖于观察者。然而，正如我们先前所说的，深度依赖于子弹的动量，即它的质量与速度的乘积。一颗慢一点的子弹，如果它重一点的话，也很可能像快一点的子弹那样造成同等程度的破坏。说到这一点，我们已经暗示出了问题的答案。这里重要的量是动量——质量与速度的乘积，它在任何情况下都一定不依赖于观察者。由于速度被一个适当的γ因子减小了，质量不得不因同一个因子而增大。

子弹静止时具有的质量我叫它 m。顺便提一句，这正是牛顿力学完全有效的条件下子弹所具有的质量。

牛顿： 由于与光速相比,我们在这儿处理的是低速,所以我断定你的质量 m 与我在写《原理》时考虑的物体质量是同样的。

爱因斯坦： 确实如此。为了证实我们知道我们在谈论什么,我们把这一质量称做物体的静止质量(rest mass)。不过,我们也可以等价地称之为牛顿质量(Newtonian mass)。如果物体现在运动得很快,它的质量——或者更准确地说,它的运动质量(moving mass),我称之为 M——与静止质量 m 相比增大了,而这一增大对应于γ因子:

$$M = \gamma m = \frac{m}{\sqrt{1 - \left(\dfrac{v}{c}\right)^2}}$$

质量以与时间间隔同样的方式增大,被同一个γ因子伸展了。

为了说明这一效应,我画出运动质量 M 与静止质量 m 的比值草图(见图14.2)。

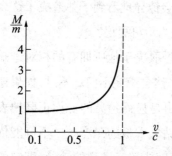

图14.2 一个运动物体的质量 M 从它的静止值增大。这一效应在这里被表示成物体速度的函数,以光速 c 为单位。它与时间延缓类似,只有当速度与光速可比时才变得显著起来。速度越接近光速,质量增大得越快。但 $v = c$ 的极限情形永远也达不到,原因是那将导致质量变成无穷大。

哈勒尔： 质量的增加,通常被称做相对论性质量增大,在物体趋近光速时加快了。然而,不可能把物体一直加速到光速,因为那样的话它的质量就会增至无穷大。要想使这种事情发生,我们将不得不用上无穷多能量,而那是为任何人的手段所不能及的。

爱因斯坦： 牛顿,你看,依照相对论,事情刚好像你早先猜测的那样发生了。质量增大了,而且即使在原则上也不可能把一个有质量的物体一直加速到光速,甚至超过光速。

哈勒尔: 你们可以向下看到处于日内瓦盆地的大型 CERN 加速器,它把质子加速到相当接近光速的速度。质子最终的能量事实上不依赖于它们的速度,而是只依赖于它们的运动质量。如果你用一半的动力来运行加速器,粒子被加速后的能量刚好是机器全动力运行时它们所达到的能量的一半。在这两种情况下粒子的速度都很接近光速,只是它们的质量在机器全动力运行时较大,而这就是它们获得了更大能量的原因。在原子物理学和粒子物理学中,我们通常用电子伏来表示粒子的能量,简写成 eV。

牛顿: 我知道。1 电子伏等于一个电子穿过电压为 1 伏特的电场时所获得的能量。

哈勒尔: 当 CERN 加速器全动力运行时,你利用它赋予质子的能量为 400 吉电子伏——吉电子伏常缩写为 GeV。即质子的能量等于 400×10^9 eV,一个很大的量。因而粒子的速度十分接近光速,更准确地说它达到了 0.999 997 3 c。我们立即可以算出在加速器中运动的粒子的质量 M:

$$M = \gamma m = \frac{m}{\sqrt{1 - (0.999\,997\,3)^2}} = 430\,m.$$

牛顿: 我的天啊! 那些在山下的机器里面的质子实际上以比它们的静止质量大出约 400 倍的质量来回运动。有办法直接观测到这一巨大的质量增加吗? 想必这一效应应该以某种方式显现出来。

哈勒尔: 的确是这样。质子在一个大的环状隧道里运动。把它们束缚在轨道上需要磁场;如果没有外力的话,质子会像其他粒子那样在空间做直线运动。

牛顿: 我明白你指的是什么。磁场的强度决定了飞过磁场的粒子会改变方向。然而,粒子的质量也是一个要素:质量越大,所加磁场的影响越小。一旦骤然产生相对论性质量增大——换句话说,一旦质子趋近光速——就需要更强的磁场,以使它们保持在规定的轨道上。

哈勒尔: 没错。倘若不存在质量增大,我们就不需要在 CERN 有这么强

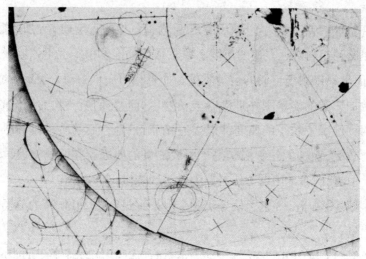

图14.3　气泡室中粒子的径迹由于外部磁场的作用而弯曲了。弯曲的程度不仅依赖于粒子的速度,也依赖于它的质量——更准确地说,是它的运动质量。因此,质量的相对论性增大可以被直接观察到。(承蒙CERN惠允。)

的磁场了;那样的话,用相当弱的磁场就可以把质子束缚在轨道上。然而,由于质量增大效应,所需的磁场比没有质量增大时要强430倍。只有以电能的方式供给必要的能量,才可能产生所需的巨大的磁场。为了这一目的,CERN消耗的能量相当于一个中等规模的发电厂的全部输出电量。假如相对论所预言的效应不出现的话,他们运营加速器的开销就会少得多。

　　爱因斯坦(微笑着):我很抱歉,我的理论使得加速器的费用升高了。牛顿,你的理论如果在这儿适用的话会省很多钱。但愿我访问CERN的时候不会撞见他们的所长,否则他也许会要我把这些额外的开销补偿给他。

　　哈勒尔:我想我们可以避开这样的意外相遇。不过,我愿意在此提及一个有趣的效应。诸如云室或气泡室这样的粒子探测器使粒子的径迹变得可见。在有磁场的情况下,一个粒子的轨迹是弯曲的,弯曲的程度依赖于粒子的质量——确切地说,依赖于它的运动质量 M。相对论性质量增大可以通过这种方式在实验中观测到。

牛顿用肘撑着头躺在草地上,欣赏着日内瓦的风景。

牛顿: 不奇怪吗? 就在那下面,他们正用巨额的能量把正常的物质,换句话说即质子,几乎加速到光速。不过我们还有其他粒子,即光子,按照定义这种光粒子以光速在空间运动。它们携带能量,但是没有质量。用爱因斯坦你先前定义的静止质量来说,光子是没有静止质量的粒子。它们只具有能量。撇开质子具有静止质量而光子没有的事实,我相信这两种粒子有一个共同点: 两者都服从光速所强加的限制。

爱因斯坦: 你为什么觉得奇怪呢? 我们毕竟知道,光速不仅是光子的速度而且是宇宙的一种基本速度。

牛顿: 我意识到了。不过正像我所看到的,质子几乎以光速运动,如同那下面CERN的质子一样,看起来和光子差不多。快速运动的质子束和大约同等能量的光子束之间似乎没多大区别。

请不要误会了我,我只是对质量的概念困惑不解。在写《原理》时,我设想我完全懂得什么是质量。尽管跟你学习了空间和时间的结构,我现在恐怕对质量一点感觉都没有了。倘若所有粒子,包括质子,都像光子那样没有质量,事情不就容易多了吗? 究竟为什么存在带质量的粒子呢?

我对能量和质量之间似乎存在的奇怪联系也感到困惑。正如我们知道的那样,一个物体的动能依赖于它的质量和速度的平方,即 $E = mv^2/2$。只要物体的速度远远小于光速 c,这个方程就适用。倘若你把一颗子弹的速度提高2倍,它携带的动能就增加 2^2 倍,即4倍。不过,让我们回过头来看那些几乎以光速在CERN的加速器中来回运动的质子。它们的能量是什么? 换句话说,在 v 接近于光速 c 的情况下应该如何调整我的方程 $E = mv^2/2$ 呢?

如果我把CERN的质子能量增大,我们已经知道了我只能增大它们的运动质量 M,因为它们的速度几乎不变。因此,能量和质量相互之间存在直接的比例关系。这太奇怪了——它使你怀疑质量和能量之间的隐秘关系,质能关系。爱因斯坦,你为什么这么安静?你有什么看法?

爱因斯坦:我有很明确的看法。你刚才提到的能量和质量之间的关系是真实存在的。它在相对论里面扮演了一个特殊的主要的角色,对此我有很多话要说。我相信我们可以把这一关系毫不夸张地说成是相对论最令人感兴趣的一面。

不过先生们,时间早已过了中午。我们何不开始野餐呢?我可是饿极了。

因此,我们暂时放弃了探索那个方程——那个在相对论里面描述质量和能量之间的可能关系的方程。我们改为大口咀嚼我从 CERN 的自助餐厅带过来的三明治。

第十五章　改变世界的方程

野餐之后我们沿着侏罗山峰散步了一会儿。牛顿一言不发地走着,而我向爱因斯坦称赞着侏罗山脉的优点。在西欧没几个地方能够呈现侏罗森林的幽静与原始本色。当我在CERN被工作中的难题困住时,我常常来到这里寻求灵感。此刻我们坐在一小片树林旁边,艾萨克爵士立即让我们面对一个想必他思考了一段时间的问题。

牛顿:质量与能量之间的关联在我的脑子里面乱哄哄地跑来跑去。目前我的一连串想法是这样的:一个快速运动的物体的能量,这里指一个几乎以光速运动的物体,比如CERN加速器中的质子,很可能正比于运动质量M。如果我把它的质量加倍,它的能量也将加倍。如今我们知道运动质量M随着我们逐渐趋近光速而稳步增大,这意味着物体的能量也将不断增加。另一方面,我们要找的方程应该包含速度的平方,就像我以前的公式$E = mv^2/2$一样;原因在于物体由于运动而具有的能量,仅仅因为量纲的缘故,就是一个含有质量和速度的平方的量。由于速度基本上是光速c,我们可以猜测想要得到的质量和能量之间的比率应该以某种方式包含乘积Mc^2,其中M代表运动质量,即依赖于物体速度的质量。

我一直没有认真考虑过能量也许可以简单地取乘积,也就是$E = Mc^2$;或者该式乘上某一倍数或分数，比如 $E = Mc^2/2$。至于考虑到物理量纲，这是行得通的：表达式 Mc^2 包含了质量以及速度的平方——只是我们正在谈及光速而已。无论如何，我不能把 Mc^2 从脑海中去掉。不过，由于我这里使用的 M 是一个快速运动的粒子的质量，我可以借助于γ因子把方程重新表达成：

$$E = m\gamma c^2.$$

因子 m 现在是静止质量。我猜测这就是描述像CERN加速器中的质子那样高速运动的粒子的正确公式，其中含有一个与静止质量相比很大的运动质量。

这个公式对于低速情况并不有效，因为我们知道我的力学——请原谅我称之为牛顿力学——适用于那种情形；而且根据该力学，一个物体的动能简单地等于 $E = Mc^2/2$。正如人们所期待的那样，这一能量在速度为零时是不存在的。依照我的力学，一个处于静止状态的物体没有能量。

上述方程是一个十分奇特的方程。让我们暂时在速度趋于零的极限下认真考虑它。我将不会得到零能量。γ因子在 $v = 0$ 时严格为1，而这使我得到很不寻常的方程 $E = mc^2$。

我必须假设这是个荒谬的方程。它意味着即便在一个静止的物体内部也存在能量，而且这一能量用通常的标准来衡量大得令人难以置信，其原因只不过是光速 c 太大了。

哈勒尔：在我们继续讨论这个你所谓的荒谬的方程以前，我提醒你注意一个微小的数学奇特性。我们考虑你先前提到的公式 $E = Mc^2$，假设它对所有速度都成立。

牛顿：那不就……？

哈勒尔：等一下！让我把话说完。让我们在 v 相对于 c 比较小的情况下计算这一关系式。这里一个数学近似帮得上忙。假设 x 是个远远小于1的数，那么我们可以写下：

$$\frac{1}{\sqrt{1-x}} \approx 1 + \frac{x}{2}.$$

这个数学表达式并不十分严格;它只对足够小的 x 值成立,而且即使如此,它也只是近似的而非精确的。取 $x = 0.02$ 作为例子,方程的左边得出数值 1.0102,方程的右边得出 1.0100——所以该关系式实际上非常有效。

牛顿:那当然,不过你要用它做什么?

哈勒尔:很简单,我用这个关系式重新表达我们的能量方程。我把 x 替换成 $(v/c)^2$,这给出

$$E = m\gamma c^2 = \frac{mc^2}{\sqrt{1 - \left(\dfrac{v}{c}\right)^2}} \approx mc^2\left(1 + \frac{v^2}{2c^2}\right)$$

$$= mc^2 + \frac{1}{2}mv^2.$$

看了一眼我写出的方程式之后,我的对话伙伴指着算稿激动地跳了起来。

牛顿:爱因斯坦,我的能量公式它就在那儿:$mv^2/2$。等等,让我再检查一遍计算结果。毫无疑问,它是对的。而且现在出现了 mc^2 项。先生们,你们知道那意味着什么吗? 如果最初的方程式 $E = Mc^2$ 不仅对很大的速度近似成立,正如我几分钟之前提出的那样,而且对所有速度都是正确的,那么一个缓慢运动的物体所具有的能量包含两部分——我以前的动能项,由众所周知的 $mv^2/2$ 给出,加上第二个神秘的 $E = mc^2$ 项。倘若那是对的,则意味着我的动能 $mv^2/2$ 仅仅代表一个微小修正;至此,一个物体的能量的更主要部分存在于它的静止质量之中,由 mc^2 给出,相比之下这是个巨大的量。

爱因斯坦:牛顿,那对我来说不是什么新闻。事实上,一个物体的总能量由公式 $E = Mc^2$ 给出。1905 年我在我那篇关于相对论的论文中推导出了这个方程。一个有质量且以低于光速 c 的速度在空间运动的物体,其能量包含你刚刚提到的那两部分。当速度为零时,物体的能量当然不为零;就你的力学理论而言,那就会得出零能量。取而代之,能量由 $E = mc^2$ 给出,即物体的

静止质量和光速的平方之乘积。

牛顿：然而，那是巨额的能量啊！你其实是在说，有些处于静止状态的物体，比如我正拿着的这块小鹅卵石，蕴藏着巨大的能量？

爱因斯坦：艾萨克爵士，那正是我要说的。按照我的假说，质量和能量之间没有本质的差别。即使我正确理解了哈勒尔先前的评论，我们仍然不知道为什么有些粒子具有质量而其他粒子不具有质量。然而，依我看，一个粒子的质量只不过是"冻结能量"（frozen energy）。

牛顿走来走去，陷入沉思之中。尔后他激动万分，问了另外一个问题。

牛顿：当使用冻结能量一词时，你是在暗示巨额的能量，比方说冻结在我拿着的这块小鹅卵石中的能量，最终会仅仅通过熔化就释放出来吗？你不相信这一点，对吗？

爱因斯坦：那的确可能发生。

牛顿：你不是开玩笑吧？

牛顿突然看起来面色苍白而憔悴，仿佛几夜没有睡觉。

爱因斯坦：如果你不相信我的话，就去问哈勒尔。

牛顿（显得将信将疑）：我希望你们两个都清楚：倘若这个方程是正确的，它对于我们理解自然界将导致令人惊异的后果；它对于我们的星球也将导致灾难性的后果。谁能保证在我们这个世界上所有的物质都是稳定的？谁能保证它不会消解成其他形式的能量？它也许会突然通过大爆炸转化成光能。

牛顿几步登上山岗，在那里日内瓦湖和远处的阿尔卑斯山美景可以尽收眼底。爱因斯坦和我仍旧躺在草地上。

爱因斯坦：如今科学界是怎样看待我的质能方程的？即使方程给每个带质量的粒子或物体分配了大量的能量，但依然不清楚那些能量是否会全部或部分地释放出来。我很想对此有更多的认识。不过牛顿回来了，我想我们只能以后再来关注这一点了。

牛顿：你们知道我刚才一直在想什么吗？考虑一下太阳吧，我们都知道它日复一日地辐射出大量的能量，其中主要是电磁辐射能。这种辐射几百万年来一直在持续着，也许甚至已经持续几十亿年了。

哈勒尔：太阳已经存在了 40 亿(4×10^9)年以上。

牛顿：那就更好了。无论如何，它在漫长的岁月里一直发光发热。甚至我在剑桥写书的时候，就对太阳能来自何处感到迷惑不解。如果质量确实代表一种"冻结能量"，问题就容易解决了。我们可以简单地假设在太阳内部发生的某种过程是利用了大量的"冻结质量能"。当然了，我们得确定这些过程。而且如果它们存在的话，我们还得研究的问题是能否使这些过程也在地球上发生。那将是怎样的前景啊！在这种情况下，我们会得到取之不尽的能源。

爱因斯坦：多得把整个行星炸上天都用不完——更确切地说，炸入星际空间。

牛顿：取常用单位瓦特秒(Ws)和千瓦时(kWh)，让我们估算一下你的公式预言 1 千克(kg)的质量相当于多少能量。如果这 1 千克质量以每秒 1 米(m/s)的速度运动，那么根据我的力学理论它具有动能 $mv^2/2$，等于 0.5 kg(m/s)^2，即等于 0.5 Ws。要依照爱因斯坦的方程计算能量项，我只得把 v 换成 c 再乘以 2：

$$1 \text{ kg} \times c^2 = 1 \text{ kg} \times (3 \times 10^8 \text{ m/s})^2 = 9 \times 10^{16} \text{ Ws}$$
$$= 25 \times 10^9 \text{ kWh}$$
$$[1 \text{ kWh} = 3600 \text{ s} \times 1000 \text{ W} = 3.6 \times 10^6 \text{ Ws}].$$

这等于大约 300 亿千瓦时，实在是无法想象的能量数额。

哈勒尔：那相当于一个年输出功率为 3 兆千瓦的大型发电站所产生的

能量数额。瑞士这样大小的国家可以依靠它存活了。

然而,我认为我们对质能方程所做的哲学探讨没有任何意义。即便爱因斯坦的方程预言每一质量单元都配得了相当大的能量当量,那并不意味着我们可以把全部质量释放为能量。自1945年第二次世界大战结束以来,已经发生了很多同从质量到能量的转化有关的事情,因此可以追溯到爱因斯坦的方程。我认为如果我们系统地仔细检查各种可能性,那将最好不过了。

爱因斯坦:哈勒尔,我们立即开始吧。但是你知道,你得在这种讨论中带个头。你明白吧,牛顿和我⋯⋯

哈勒尔:我带来了一篇你1905年的文章的副本。

爱因斯坦:你是说我在《物理学年刊》上的第二篇文章,那篇关于相对论的3页纸的文章?

哈勒尔:没错,就是它。这是篇短文,但是考虑到它不但对物理学而且对我们全盘理解大自然和世界的现状所产生的后果,它有充分的理由成为20世纪最重要的科学论文。我建议你给我们读出最后那段决定性的结论。

爱因斯坦(朗读):"如果一个物体以辐射的形式放出能量L,它的质量将减少L/V^2[这里V是光速(我们现在总是用c表示)]。在这个过程中,从物体中取走的能量并非要直接转化为辐射能不可;这导致我们得到一个更一般的推论:一个物体的质量是其能量容量的量度。倘若能量数额变化了L,质量会同样地改变$(L/9) \times 10^{20}$,如果我们以单位尔格(erg)度量能量并以单位克度量质量的话。该理论可以用能量容量非常不稳定的材料来检验——举个例子,比如说镭盐;这一点并没有被排除。"[6]

哈勒尔:顺便说一下,艾萨克爵士,现在很少再用尔格做能量的单位了:$1\ Ws = 10^7\ ergs$。眼下还是回到我们的实验。正如我们可以看到的那样,爱因斯坦甚至在他第一篇关于质能关系的论文里面就预言有可能通过例如对镭元素辐射能的仔细研究来检验理论。而且他提到了一个实例,在这个例子里能量公式的重要性立刻变得一目了然。爱因斯坦教授,我希望你会允许我在这里介绍那个实例,尽管我的介绍是以某种改进了的形式。当一个物体以电磁波的方式辐射能量时,它总是损失质量。一个炽热的钢球会以热辐射的方式辐射电磁能。假设球体在冷却到室温以前辐射掉了能量 E;依照爱因斯坦的公式,这份能量等价于质量 E/c^2。现在,如果我以极高的精度在这个球体冷却前后称量它,我将发现它在这个过程中重量损失了 E/c^2。不幸的是,光速如此之大使得质量差别变得极其微小,难以直接测量。

让我举另外一个例子:一个100瓦的电灯泡发1小时的光放射的能量相当于 10^{-12} 千克的质量。这又是个无法直接探测的微小质量。

尽管如此,仍然存在一些质量差可以立即被察觉到的过程,但是所有这些过程都与原子物理学、核物理学和粒子物理学有关联。我愿意更详细地提及其中一个过程。我们为什么不着眼于重氢的原子核呢?

图 15.1　一个重氢原子的原子核叫做氘核;它含有一个质子 p 和一个中子 n,由核力束缚在一起。要想把它们相互分开,至少得使用 2.2 MeV 的能量,这一能量对应于氘核的质量与它的两个组分粒子的质量之和的差值。

牛顿:我知道普通的氢是什么,但什么是重氢?

哈勒尔:氢有一种少见的形式,其原子核并不像普通氢那样只含有一个质子,而是一个束缚系统——包含一个质子和一个中子。你也许记得,中子是电中性的粒子,在许多方面它表现得如同质子。一个质子和一个中子可以结合在一起形成一个新的实体,我们称之为氘核。氘核的电荷当然等于质子的电荷,这使得取一个普通的氢原子并把它的原子核即质子与氘核互换成为可能。这个新原子比普通的氢有更大的质量,原因是氘核比质子重。重氢的科学名称是氘。在地球上自然存在的氢中有很小的一部分(大约0.016%),例如,在海水中化学合成的实际上是重氢。鉴于海洋的大小,即便那么小的比例也会造成天然氘的总量很大。

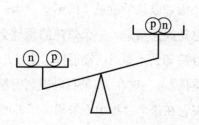

图15.2 氘核的质量比质子和中子质量之和大约小了0.12%,这一差额称做质量亏损。

爱因斯坦: 可是为什么一个质子和一个中子结合起来就形成一个氘核呢? 是由于新的力使然?

哈勒尔: 当然了。质子和中子之间存在很强的力,我们称之为核力。当使一个质子和一个中子相互挨得很近时,它们相互强烈地吸引:于是它们组合成一个氘核。

爱因斯坦: 我想我能够猜测出你的用意所在。你可以告诉我们有关质子、中子和氘核各自的质量的更准确信息吗?

哈勒尔(从口袋里掏出一本小册子):这本小册子定期出版并经常更新。它包含基本粒子的很多信息,包括它们的质量。顺便说一下,在粒子物理学中我们不用克或毫克度量粒子的质量;那将导致非常小的数字。取而代之的是,我们采用爱因斯坦的能量公式并以能量单位确定质量,最常见的是我们先前讨论过的电子伏单位。

牛顿: 多么有趣的窍门! 你能告诉我质子——确切地说处于静止状态的质子——的质量以电子伏作单位是多少吗?

哈勒尔: 这儿有一个表格是用电子伏表示质量,更确切地说是用百万电子伏(MeV——1 MeV 等于100万 eV,或者 10^6 eV)以及千克来表示。

质子质量	938.3 MeV = 1.673×10^{-27} kg
中子质量	939.6 MeV = 1.674×10^{-27} kg
氘核质量	1875.7 MeV = 3.343×10^{-27} kg

请允许把自己身体的质量用 MeV 来表达:

哈勒尔的质量 = 4.49×10^{31} MeV = 80 kg。

爱因斯坦(已经把两个数字加起来了):我是这样认为的。牛顿,看这儿,由于氘核含有一个质子和一个中子,我们可以预期它的质量等于质子和中子质量之和。不过当你把这两个质量加起来时,你得到1877.9 MeV,比一

个氚核的质量大 2.2 MeV 或 0.004 × 10⁻²⁷ kg。

牛顿: 但是那怎么可能呢? 哈勒尔,你不是告诉我们说一个质子和一个中子可以结合成一个氘核吗? 为什么一个氘核的质量不等于那两个粒子的质量之和呢?

哈勒尔: 如果你在实验条件下真使一个质子和一个中子缓慢地凑到一起,比方说在一个核物理实验室里,你得到的就不只是一个氘核了;在此过程中,能量以光子即电磁辐射的方式辐射出来。这一能量刚好等于失踪的质量。由于氘核的两个组分的质量之和比它本身的质量稍大,我们得到所谓的质量亏损(mass defect)。这也可以称做质量赤字(mass deficit)。因而眼下我们有了一个正好对应爱因斯坦在他的 3 页纸论文中所描述的过程:一个系统以电磁辐射的方式释放出能量,在此过程中它损失了质量。

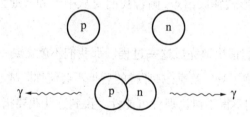

图 15.3　当一个质子和一个中子结合时,生成了一个系统,该系统以光子的形式放射能量。典型的情况是在相反的方向发射出两个 1.1 MeV 的光子。它们的能量之和等于图 15.2 所描述的质量亏损。

爱因斯坦: 当一个氘核形成时,2.2 MeV 的能量就释放出来了,大约占氘核质量的 0.1%。这意味着大约千分之一的原始质量转化为能量。

哈勒尔: 反过来,为了把氘核分裂成它的质子和中子组分,2.2 MeV 的能量必须加到氘核上。该过程可以很容易地在实验室里实现,就像我说的那样,它只是消耗能量而已。

牛顿: 尽管我按照千瓦时来想象能量没有任何问题,但是我对相当于 2.2 MeV 的能量数额真的一点感觉都没有。

哈勒尔：事实上，我们也可以把氘核的束缚能用千瓦时来表达。不过我恐怕那也无助于我们对它的想象，原因是数值会变得特别小。我的袖珍计算器告诉我该能量几乎等于 10^{-19} 千瓦时。

牛顿：假设我拥有大量质子、中子和电子。我使一个质子和一个中子结合成一个氘核。我把一个电子加到氘核上，这样我就构建了一个重氢原子。现在我如果继续配制数量可观的重氢，比方说1千克，那会释放出多少能量？

爱因斯坦：那容易计算。正如我们刚才谈论的那样，当我们构造一个氘核时，它的质量的大约千分之一转化为能量。从1千克重氢（或氘）开始，我们将其千分之一，即1克，转变成能量。依照我的公式 $E = mc^2$ 以及我们以前做过的计算，1克质量约等于2500万千瓦时的能量。如此巨额的能量将主要以电磁辐射的形式释放出来，倘若我们要从中子和普通氢合成1千克重氢的话。

现在假设我们很快地完成这一过程。那我们不就得到一颗具有无法想象的毁灭力的炸弹了吗？哈勒尔，那样的后果不会使你胆战心惊吗？

哈勒尔：我们不得不讨论那种可能性。说到这儿我要指出，并没有只包含中子的天然存在的物质，所以我们无法用那种过程生产出数量可观的氘。因而这既不是产生能量的途径，也不是制造炸弹的办法。

不过，看看，我们已经呆在这儿好一会儿了。你们想再呆一会儿，还是我们动身返回？

我们没有人想要返回日内瓦，于是我们决定在侏罗山上过夜。由于天气慢慢变凉了，牛顿和爱因斯坦走进树林搜集一些干木头，而我整理了一块地方生火。不久以后，我们举行了一个惬意的营火会。牛顿和爱因斯坦找来足够的木头，篝火噼噼啪啪地烧了整整一夜。

第十六章　太阳的能量

当我们安坐在篝火前感受着它的温暖时,太阳接近了西方地平线,它的光芒几乎耗尽了。

牛顿(带着一点嘲讽的口吻):我认为我们得感谢你,我亲爱的爱因斯坦,原因是这堆篝火给我们带来了温暖。它所发出的电磁辐射起源于我们放进去的木头质量的一小部分转化成了能量。

爱因斯坦(同样嘲讽地):牛顿,我不那样看。我们的篝火的最重要成分是可得到的易燃物质。没有我们设法搜集到的干柴,就不会有篝火。你不能用石头喂篝火吧,尽管石头具有充足的质量。

不过我的质能关系只论及质量本身,也就是说,它只涉及有关情形的一个方面,而且偏偏又是次要的一面。我们能否最终把质量转化成能量还依赖于物质的其他性质,可是你绝不能为此谴责我的方程。

牛顿:我绝不敢! 我仍旧被你的质能方程为我打开的新视野搞得神魂颠倒,而我只不过正在探索其全景。

哈勒尔:先生们,我们应该继续讨论。木头在我们这儿的篝火里燃烧时一部分质量转化成了辐射能,这个说法没有什么错;不过那于事无补。该效应实际上很小,我们可以有把握地把它忽略掉。没错,篝火残留的灰烬比燃烧掉的物质轻,但其差值只是最初质量的百亿分之一。如今化学家所能测定我们涉及的质量的精度是在千万分之一的量级。换句话说,要想达到相对论所预言的质量亏损的敏感度,就得把上述精度提高1000倍。当化学家不仅讲能量守恒而且讲质量守恒的时候,他们基本上是正确的。

只要一个特定质量的相当可观的一部分转化成了能量,就会涉及一些在核物理学或粒子物理学领域的反应,比如在我们先前的例子中氘的产生。

牛顿:那会使我猜测,太阳的能量产生是由于核反应造成的。

哈勒尔:对组成太阳和恒星的物质的研究表明,它包含大量的惰性气体氦。大约宇宙物质的1/4就完全是氦。一个氦原子含有两个处在外壳层上的电子,以及一个由两个质子和两个中子组成的原子核。这个原子核叫做阿尔法粒子,用希腊字母α标记。

如果我们更密切注意这个原子核,事情就变得有意思了;像爱因斯坦的方程所启发的那样,我们用能量单位表达α粒子的质量并得到

$$m_\alpha = 3727.5 \text{ MeV}.$$

牛顿:多么奇特的原子核啊!我刚刚把它的质量同它的组分粒子的质量之和,换句话说,两个质子质量加上两个中子质量做了比较。那些质量总共等于3755.8 MeV,比α粒子的质量大出28.3 MeV。这一差值意味着相当显著的能量或质量,它几乎占了α粒子全部质量的0.8%。而且这份能量在两个中子和两个质子结合形成一个α粒子的时候会释放出来。然而,氘核的结合能只有2.2 MeV,只占氘核质量的0.1%。

爱因斯坦:那准意味着氦核是一个相当稳定的结构,它的4个组分粒子紧紧地束缚在一起。

哈勒尔:氦核的这一特性是由核力

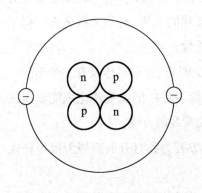

图16.1　一个氦原子的示意图:两个电子组成的壳层围绕着它的核,后者含有两个质子和两个中子。图中原子核的尺寸被极大地放大了。

的特殊性质造成的,对此我们眼下还不能深究。可以认为α粒子是由两个氘核组成的束缚体系。把这两个氘核束缚在一起造成的质量亏损是23.9 MeV,比牛顿提到的28.3 MeV稍微小点。

牛顿:所以我一旦把两个氘核束缚在一起,就释放出23.9 MeV的能量。在构成一个α粒子的同时获得了显著数量的能量,那确实是条有趣的途径。你在早些时候告诉我们说地球上并不缺少氘核,原因是海洋含有大量的重氢。因此我们可以依照配方行事:取两个氘核,把它们放入一个罐子搅拌,然后你瞧,一个氦核加上好多辐射能就出来了!

哈勒尔:乍看起来,你是对的。两个氘核的结合也称做两个氘核的聚变,它释放出来的能量是一个质子和一个中子的聚变所释放的能量的10倍。如果我们要通过使氘核聚变来生产1千克的氦,那么我们将会得到2亿千瓦时的能量——相当可观的数量啊!

办法也许听起来简单,但其实不然。问题在于氘核像质子一样带有正电荷,这意味着两个氘核将会发生电性相互排斥。要想把它们熔化成一个α粒子,我们必须克服这种排斥,使氘核相互接近到核力最终占上风的程度。

爱因斯坦:那在什么距离才会发生?

哈勒尔:在大约10^{-12}厘米的距离,也就是说,约为原子直径的万分之一。

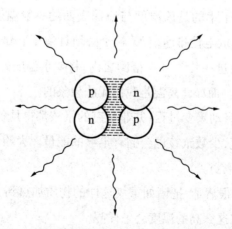

图16.2 当氘核聚变生成一个氦核(也叫做α粒子)的时候,释放了大约24 MeV的能量。它将以光子的形式辐射出来。

爱因斯坦：好，祝你好运！当我们对射两个氘核时，它们彼此接近得那么紧密的概率一定极其微小，而且如果我们不得不克服两个粒子之间的电性排斥的话，概率就更小了。

哈勒尔：问题就在这儿。通过对射氘核来偶尔获得聚变是容易做到的，但是粒子的能量必须足够高以克服排斥。实际上，只有很少量的氘核参与了聚变过程；大多数氘核只是彼此擦肩而过。这些过程已经被仔细研究过了，结果是把粒子加速到足以开始聚变所需的能量远大于偶然发生的聚变所能产生的能量。换句话说，在能量方面没有得到任何净利；能量其实损失了。

爱因斯坦：我一开始就是这么想的，但是我刚才有了另外一个想法。假设我们把氘加热。加热物体只不过意味着它的组分原子或分子的动能增加了。在某一温度，也许是很高的温度，少数氘核在它们频繁碰撞期间将会克服电性排斥并聚合在一起；在更高的温度，很多氘核会有这样的行为。换句话说，如果氘足够热，聚变将会自动开始；称为核燃烧的反应将开始。要是有足够的氘的话，这种过程甚至会导致爆炸。

牛顿：该过程是造成太阳内部能量产生的原因吗？

哈勒尔：请不要着急！爱因斯坦的想法无疑是对的。核聚变在某一温度会自动开始，但不幸的是该温度与地球表面的一般温度相比非常之高。为了克服氘核之间的电性排斥，有关粒子必须具备几个MeV的能量。然而，要获得平均氘核能量在几个MeV范围之内，将要求温度处于10^{10}度的量级，即100亿度的量级。而如此高温是我们无法想象的。

当然了，为了启动聚变过程，并非所有的氘核都得具备必需的能量。即使在低得多的温度，少数氘核也会拥有足够的能量。大约10^8度的温度，即1亿度，将足以引发聚变。

牛顿：我不是很清楚，把诸如重氢这样的物质加热到100万度的温度意味着什么。原子在这么高的温度会怎样呢？

哈勒尔：答案很简单，原子本身不再存在了。在加热氘的时候，碰撞原

184

子的能量一超过 10 eV 的量级，电子就会被逐出它们的壳层。把一个电子移离一个原子所需要的能量大约处在这个量级。举个例子，该能量对于普通的氢而言等于 13.6 eV。

所以你们可以看到，在 100 万度以上的温度将不再存在重氢原子。相反，我们得到的是极热的氘核与电子的混合物，称做等离子体(plasma)。如果我们以这种方式制造等离子体并把它加热到稍低于 1 亿度的温度，聚变就会启动。热核燃烧也将开始。

牛顿： 好。那么回到太阳的话题。从你到目前为止所说过的话，我猜测太阳是通过重氢的热核燃烧来产生能量的。

哈勒尔： 你的说法基本上是对的。太阳内部的温度高得足以使聚变发生，因而很大一部分质量依照爱因斯坦的 $E = mc^2$ 转化为辐射能。能量是通过氦合成获得的。但是我们所分析的过程——经由两个氘核聚变而合成氦核——只占太阳产生的能量的一小部分。太阳能的主要部分来自一个更复杂的过程，它分几个阶段发生并涉及从质子——正常氢原子的原子核——到氦核的合成。

爱因斯坦： 一个氦核包含两个氘核。如果氦产生于正常的氢原子(其原子核由单个质子组成)，那么那些中子从何而来？

哈勒尔： 就像我说过的那样，反应分几个阶段进行，在此期间质子转化成中子。我们现在知道质子和中子是紧密相关的，而且一个质子可以转化为一个中子。其他粒子，特别是电子和中微子，会在这一过程中起作用。但是我们不需要在这里逐一细说。要点在于：即使是正常的氢原子，在适当的时候也能转化为氦。

牛顿： 我认为，估算太阳在一段时间内，比如说 1 秒钟，辐射了多少能量并不是特别困难。我们从这个量出发可以计算太阳每秒钟损失了多少质量。

哈勒尔： 那很容易做到。如果我记得没错的话，太阳的能量输出功率近似为 3.7×10^{23} 千瓦，其中仅仅一小部分以电磁辐射的形式到达我们这颗行星。其数量约等于10^{14}千瓦,大约比地球上所有发电厂产生的能量多出10万倍来。我们可以利用爱因斯坦方程从太阳每秒钟的能量损失计算它每秒钟的质量损失值:400万吨。

牛顿: 真不少。考虑到太阳几十亿年来持续损失质量,人人都想知道它还能继续存活多长时间。

哈勒尔: 别担心。太阳可以忍受质量损失再存活几十亿年,这没有任何问题。然而,有一点是清楚的:太阳和恒星发光只是由于它们能够把质量转化成辐射,而且能量平衡是由爱因斯坦的方程来支配的。如果太阳质量没有通过氢的热核燃烧发生辐射的话,那么就没有来自太阳的能量,因而地球上就不会有生命。

牛顿: 所以说,没有相对论效应,宇宙中就不可能有生命。那样的话,宇宙中除了冰冷的物质以外一无所有。

爱因斯坦: 我亲爱的牛顿,你言过其实了。正如哈勒尔先前指出的那样,我的方程决定的只是能量平衡。核聚变的可能性并非我的方程的结果,而是核力的特殊性质的结果。这与银行的运作方式类似:我的方程保证收支结存是对的,以及会计部门不出错。至于钱是从哪儿来的是另外一个问题,一个更困难的问题。

牛顿: 我们还是回到地球上来。原则上,太阳所能做的事应该可以被人在地球上模仿。有可能在地球上获得核聚变吗?

哈勒尔: 你随后会明白,为什么你的问题无法用简单的是或否来回答。我建议我们首先讨论另一类依靠核过程的能量产生——原子核的**裂变**。这里能量平衡又是由爱因斯坦的方程来保证的。

爱因斯坦: 我同意,可是不管我们如何去做,我都不明白我们怎么能够通过分裂原子核获得能量。我们不是刚刚了解到,可以把两个氘核结合在一起使得它们形成一个氦核——称做聚变的过程,从而产生许多能量吗?当然了,我可以把该过程颠倒过来,把氦核分裂成两个氘核,但是那将消耗掉我相当多的能量而不会导致能量净利。

哈勒尔：如果你试图分裂的是氦，那你说得没错。氦核的组分粒子具有很高的结合能。但结合能是与所考虑的原子核的结构相关的。它依赖于原子核中质子和中子的数目。

牛顿：你是在说，对于比氦重的原子核，每个核子的结合能甚至更大？

哈勒尔：是的，它可以更大。人们发现铁原子核的结合能最大。铁原子的原子核是最稳定的原子核，这就是地球上之所以有这么多铁的原因。

爱因斯坦：那么我猜想，比铁原子核重的原子核，比如铅或金的原子核，就不如铁原子核稳定。

哈勒尔：没错，而且这一现象容易解释。我们知道很重的原子核包含很多质子。比方说，金原子核就有 79 个质子，而它们都携带正电荷，因此相互排斥。如果我们突然切断核力，原子核将会爆炸。质子都会以极高的速度飞出来。

我们不能随意增加一个原子核的质子数目。当原子核的尺寸增大时，质子之间的电性排斥就变得越来越重要，而且最终它将导致原子核的不稳定。一旦有来自外部的最轻微的干扰，原子核就将分崩离析。比如说，它也许分裂为两个原子核。

爱因斯坦：我明白了。所以我们可以预期，一个超过某种尺寸的原子核易于一分为二；在此过程中，只不过由于每一半含有较初始原子核为少的质子，能量将会释放出来。而这意味着分裂出来的原子核束缚得更紧些。

牛顿：存在可以自发地一分为二的原子核吗？

哈勒尔：最著名的当属铀原子核。它具有 92 个质子，而且通常——但不总是——含有 146 个中子。铀核会很偶然地自发分裂，产生较轻的原子核，后者含有较少的但束缚得更紧的质子。作为一个具体例子，一个铀核可以分裂成一个含有 56 个质子的钡核和一个含有 36 个质子的氪核。

虽然在一个铀核中裂变很少自发地发生，但是它可以轻易地从外部通过稍许帮助来诱发。倘若你把一个中子射向一个铀核，将能量给予该原子核并使之加热，那么它会像一个大肥皂泡那样开始振动并最终爆裂。中子撞击的能量甚至不必很大,铀核只需要一点震动就会分裂。与肥皂泡相类比有助于很好地说明问题。肥皂泡越大,分裂成小肥皂泡的趋势就越大,只要它不立即爆炸。

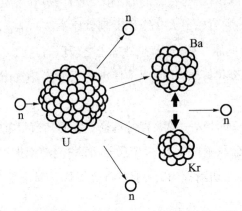

图16.3　在左面,一个中子与一个铀核相撞,后者含有92个质子和(通常情况下)146个中子。入射的中子将自身的能量传给铀核,从而激发了整个系统,使之像一个肥皂泡那样振动,最后分裂成两个较小的原子核和几个中子。这里显示的是铀核分裂成一个含有56个质子的钡核,一个含有36个质子的氪核,以及几个中子。

爱因斯坦:如果一个铀核分裂了,会释放出多少能量?

哈勒尔:大约200 MeV。但是依照你的方程,此能量必须与冻结在重铀核中的能量相比较来考虑:与后者相比,只有0.1%的铀核质量转化成了能量。

牛顿:就质量转化为能量而言,这个裂变过程似乎比氘核聚变成氦的效率低得多,后者几乎有1%的质量转变成了能量。

哈勒尔:然而,即使利用裂变也可以把相当大一部分质量转化为能量,至少和我们这儿的篝火相比是这样。然而,核裂变与氦核的聚变相比,产生的电磁辐射较少。在裂变中产生的大部分能量转变成两个随之产生的原子核的动能:它们以极高的速度竞相跑开。

而且一定别忘了,裂变带给我们的不仅是两个较小的原子核;许多中子

也发射出来了。

牛顿：但是为什么在残留物中存在的自由中子会这么重要？

哈勒尔：这对裂变本身并不重要；在没有任何残留中子的情况下，裂变也很容易发生。可是，如果我们想要启动大规模的核裂变，我们就不能只考虑单个原子核，而是得在短时间内分裂大量原子核。而那是无法从外部安排的，裂变过程本身得给予某些帮助。

牛顿：哈，我明白了。剩余的中子在铀物质周围飞来飞去，接着又诱发更多的裂变过程。

哈勒尔：对。这可以导致链式反应，和我们在我生起这堆火时所观察到的链式反应并无不同。首先，我点着一小片纸，然后火焰吞噬一些干树叶和少许细枝，最后整堆木头都烧着了。

顺便说一下，并非只在铀物质中可以启动核链式反应。核链式反应也可以在其他元素中发生，比如说钚就可以，它的原子核里面有94个质子。

爱因斯坦：当一个链式反应开始时，它似乎要导致一种核物质的燃烧。我可以想象，这些反应加速并增强，演化成一个真正的核爆炸。

哈勒尔：首先，你需要足够多的裂变物质，使得所产生出来的中子绝大部分能启动新的裂变过程。我们采用"临界质量"（critical mass）这个术语。铀同位素铀235的临界质量大约等于50千克。这种同位素是铀的一个特殊类型，其原子核中总共包含235个核子——除了92个质子之外，还有143个中子。

爱因斯坦：那样一块铀物质有多大？

哈勒尔：它会是一个直径17厘米的铀原子球，差不多一个足球那么大。

爱因斯坦：那是否意味着，如果我这儿有一个铀原子球，它会立即爆炸，把它的质量的0.1%或50克转化成能量？

哈勒尔：是的，情况就是这样。剧烈的爆炸将会发生。原子弹就是这样制造的。你们已经听说过那种武器不可思议的破坏力。幸好我们这儿没有一块铀物质。

之前牛顿突然起立，在我们的营火前面走来走去。此刻他停下来说话了。

牛顿： 我早对此有所察觉。你一暗示说有可能把爱因斯坦公式所描述的冻结在物质中的能量释放出一小部分来，我就想到了。原来核武器就是那样运作的。

哈勒尔： 对，1945 年在第二次世界大战即将结束时，投到日本的那些核武器就是这种类型的。人们通常不太准确地把它们称做原子武器。大约1940 年，当我们今晚所讨论的事情在科学界不再是秘密的时候，一群美国物理学家——包括你，爱因斯坦——担心纳粹德国的科学家或许具备了发展核炸弹的能力。当时那场正在蹂躏欧洲的战争还看不到尽头。美国物理学家求助于罗斯福总统（President Franklin Roosevelt），而他和海陆空三军最高指挥部一起启动了一个建造核武器的特殊计划。那是个相当长的故事，但是我想做较详细的讲述。

爱因斯坦（皱着眉头）：我希望你讲讲，而且请不要遗漏任何事情。

哈勒尔： 去年我在新墨西哥州的洛斯阿拉莫斯度过了几个星期。那就是制造第一枚核弹的地方。我在那儿的时候，认识了一位曾经积极参与过代号"曼哈顿工程"的物理学家。有一天我和他一起在洛斯阿拉莫斯野外穿过峡谷乡村进行远足，他告诉了我当时所发生的事件的许多细节。我要试图告诉你们的是他所讲的故事的一个缩短的版本。

第十七章　阿拉莫戈多闪电

牛顿和爱因斯坦对我讲述有关曼哈顿工程的故事深感兴趣。我首先介绍了这一工程的起因。第二次世界大战爆发后不久，该计划就在少数顶尖的物理学家和一些有影响力的华盛顿军界人士的头脑中成型了。我简要描述了J·罗伯特·奥本海默（J. Robert Oppenheimer）的生平。这个才华横溢的年轻物理学家后来成为曼哈顿工程的领导者。该工程在新墨西哥州的高海拔台地洛斯阿拉莫斯达到了巅峰。曼哈顿工程的目标是在尽可能短的时间内制造出几枚原子弹。主要的困难在于获得可裂变的原料，这只能经过复杂的步骤从铀里面提取。只有到了欧洲战事结束之后，进行第一次试爆才最终成为可能，地点在新墨西哥沙漠。

Jornada del Muerto，"一天的死亡之旅"，是400年前西班牙征服者给如今坐落在新墨西哥州索科罗城南部的一片不毛之地取的名字。这个名字恰如其分，因为该地区是沙漠中特别干燥而且地势险恶的部分。就在这儿，离阿拉莫戈多不远，奥本海默选择了第一次试爆发生的地点。它的位置将以"复活之日"（Trinity）的名义载入史册。

机械师建起了一座30米高的钢铁支撑塔，从而使核弹的弹头可以在地面上空引爆。这样，爆炸点下面的弹坑将会最小，而且不会有巨大的尘埃形成的蘑菇云升入天空。

　　试验是在1945年7月16日进行的。设备的装配几天前就开始了。弹头的重要部分是一个复杂的机械装置,它允许可裂变原料被常规爆炸引爆后能十分迅速地内爆。

　　7月16日清晨5点之后,奥本海默和曼哈顿工程的军方指挥官格罗夫斯将军(General Groves)就位于他们的观察掩体。不久以后,爆炸装置开始点火,而那就是核时代的开端。物理学家弗里施(Otto Robert Frisch)是这样描述爆炸的头几秒钟的:

　　于是爆炸看起来如同太阳闪耀,没有任何声音。沙漠边际的沙丘闪着十分明亮的光,几乎无形无色。光芒有好几秒钟似乎不变,然后开始黯淡下来。我转过头来,但是地平线上那个看起来像个小太阳的物体依旧太明亮了,不能直视。我不停地眨眼,试图看上几眼。大约又过了几秒钟,它增大并变暗了,更像一团巨大的石油火焰,其结构看起来有点像颗草莓。它缓慢地从地面升入天空,天地之间旋转的尘埃柱越拉越长。我不合时宜地想起一头炽热的大象以它的鼻子做支撑平衡地立在那儿。然后,当炽热的气体云冷下来并变得不那么红的时候,人们可以看见环绕着它的蓝色光辉,电离了的空气的光辉……那是一个可怕的景象;任何曾经目睹原子弹爆炸的人都不会忘记那一幕。然后是一片死寂;几分钟后突然传来巨响,声音相当大,尽管我已经把耳朵塞起来了,接着传来一阵阵隆隆声,好像很远处繁忙运输的声音。我依然可以听到它。[7]

　　奥本海默后来回忆这一非凡的时刻:“少数人笑,少数人哭,大多数人沉默着。我的心中掠过《薄伽梵歌》(*Bhagavad Gita*)中的诗句,其中黑天(Krishna)试图劝导王子应该尽自己的义务:‘我成了死神,毁灭世界的人’。”[8]

　　除了用作试验的装置,在洛斯阿拉莫斯还制造了另外两颗原子弹。第一颗原子弹按照杜鲁门总统(President Harry Truman)的命令于1945年8月6

日投到了日本海港城市广岛。3天之后,第二颗在长崎上空引爆。两枚炸弹杀死的人数超过10万。

这样我的叙述就结束了。牛顿已经闭上了眼睛。爱因斯坦凝视着火焰。不久以后,我听到他重复说:"现在我是死神,整个世界的毁灭者。"

牛顿(把手放在爱因斯坦的肩上):爱因斯坦,不要灰心。洛斯阿拉莫斯的那批物理学家并没有发明核燃烧,他们所做的一切就是把它从太阳拖曳到地球上来。它迟早会发生,那只是个时间问题。我愿意打赌,在宇宙的任何角落发展起来的任何文明社会都会在某一时期有能力做同样的事并采取相应的行动。当然,至于这种能源是否用来制造炸弹是另外一个问题。并非物理学家,而是政治家和把他们选举出来的人将最终回答这个问题。

哈勒尔:我应该提及,涉及制造第一枚原子弹的大多数物理学家投票赞同在一个无人居住的地带上空引爆炸弹。它会起到炫耀武力、警告敌人的作用。是政治家做了不同的决定,与科学家的建议相悖。让我引用一封信,是你——爱因斯坦先生——在1950年写的:"我从未参加任何军事或技术类的事业,我从未做任何旨在制造原子弹的研究。我对整个这件事的唯一贡献是我在1905年确定了质能关系。这是个纯物理的东西。它是很一般的物理规律,而它与军事应用的潜在联系离我的思想远得不能再远了。"

爱因斯坦:毫无疑问,我始终是一个和平主义者。我决不为制造炸弹而工作。艾萨克爵士,我同意你的观点——一个发展中的文明社会将会发现开发核裂变和核聚变的可能性,这只是个时间问题。但是我也问问你:那个文明社会,或者我们这个处在地球上的人类文明,能够与这种知识共存吗?或者它最终将屈服于不断的诱惑而去摆弄核燃烧?

哈勒尔(代替牛顿回答):没有人知道我们最后是否能够顶住那种诱惑。也许宇宙中每个文明社会的命运最后都是利用同一种核燃烧,首先来维持生命。不过再说一遍,我们也许将成功地避免核地狱,从而确保我们的星球存活下来。爱因斯坦,没有人知道你的问题的答案。然而,有一件事是确定无疑的:在1945年的关键时刻,当第一次核爆炸发生时,一个新时代就开始了——其中军事冲突在拥有核武器的国家之间不再被认为是解决分歧的实际手段。所以我把制造核武器看作以不同于战争的方式解决冲突的一个挑战。我相当乐观,这种局面会出现的。

爱因斯坦(仰起头望着天花板):哈勒尔,你真的相信那些话吗?你真的以为一个国家的领导人当危险迫在眉睫的时候愿意放弃使用核武器吗?你一定是个地地道道的乐观主义者。你也许是对的。我当然希望如此。

今晚我弄清了一件事:我在伯尔尼专利局工作时所发现的质量和能量的等价性在把原子核所固有的能量释放出来的过程中扮演了应有的角色,而在这个意义上,我的方程或许已经改变了世界。方程没有改变的是我们的思维方式和我们解决冲突的方法。我想我们需要一种新思路,使得人类不被核武力毁灭。然而,这种新思路如果不从那些把热核燃烧带到地球上的人们——物理学家以及其他领域的科学家和技术人员——那里开始的话,那应该从何处开始呢?哈勒尔,我的确认为历史已经把沉重的责任赋予你和你的同事们了。

哈勒尔:曼哈顿工程结束之后,奥本海默离开了洛斯阿拉莫斯。在为他安排的送别仪式上,他做了一个简短的演说,结尾有下面几句话:

如果原子弹作为新式武器加入到一个敌对的世界的武器库中,或者加入到准备战争的国家的武器库中,那么人类诅咒洛斯阿拉莫斯和广岛的名字的时代将会到来。全世界人民必须团结起来,否则他们将走向灭亡。给地球造成这么多创伤的第二次世界大战已经表明了这一点,原子弹已经清楚地说明了这一点,所有的人都会明白。其他人在其他场合谈到其他战争和其他武器时也说出了这些话。这样的意见还没有占上风。有些被人类历史的错觉所误导的人提醒我们,上述意见现在还不会占上风。对上述警告相信与否并非我们的事。面临共同的危

险,我们以自己的工作在法律上并在人道主义上去致力于世界大同。⁹

今天我们必须竭尽全力来保证我们这个星球不会由于我们自身的缺陷和愚蠢而被辐射毁灭。我抱有与奥本海默同样的见解,包括对危险的见解。后者或许可以战胜危险。

尽管如此,问题依然存在:我们的知识足够多了吗?对大多数人来说,爱因斯坦的方程并非描述了自然界的奥妙,我们之所以存在的奥妙。它被当作物理学家所发明的不可思议的公式,如同原子弹和氢弹——某种我们无法摆脱、令人担惊受怕的东西。但是恐惧并非好事。

我们也必须澄清在上下文中知识指的是什么。我们必须区别才智(intelligence)和理智(reason)。我们的才智使得我们根据世界自身的不以人的意志为转移的规律来观察世界。在才智的帮助下,我们已经建立了科学知识的推理体系,它显然可以不受限制地永远发展下去,它也不再一目了然。

另一方面,理智使得我们设定必要的限制,不应被逾越的限制。理智可以规范人类,包括他们的缺陷和局限。它不受限于冷冰冰的、讲究推理的科学知识领域。后者没有自我衡量的功能。理智最终会占上风吗?我不知道,也没有人知道。

爱因斯坦站起身来,仰望着星空。银河伸展着带状的身姿,横跨苍穹。他转向牛顿。

爱因斯坦:艾萨克爵士,这是怎样的一个晚上啊!你在剑桥的时候以及我在青年时代都想知道为什么那些星星会闪闪发光。作为一个孩子,我多少次爬到我们在慕尼黑的家的顶楼去看星星,并且就问自己那个问题。现在我们知道为什么恒星和星系照亮了黑暗的宇宙,以及为什么太阳光温暖了地球。当我1905年在伯尔尼为《物理学年刊》写那3页纸(那3页包含了我的方程 $E = mc^2$ 的纸)时,我从未梦想过我或许已经发现了那打开藏在星星中的无穷无尽的能源宝库的钥匙。我也没想到这个方程会与核物理学的方程一道最终创建了新式武器的理论基础,而那些武器潜在的破坏力比曾经发明的任何东西都更致命。

物理学的发展总是如此:我们建立起理论,起初并不特别当真。在我写出我的方程之际,没有人能够设想到这些后果——我不能,柏林的普朗克和慕尼黑的索末菲(Arnold Sommerfeld)也不能。现实赶上并超过了我们。我认为,我们不仅应该重视而且应该比以往更重视我们的理论。此外,我们应该永远记住,我们的知识并非只是为了我们自己,而必须充分地、如实地告知公众。科学是一项严肃的事业,严肃得不能只留给科学家来处理。

第十八章　隐藏在核子中的能量

第二天早晨我和爱因斯坦在CERN的自助餐厅阳台上会面,共进早餐。我们从山上回来晚了,他看起来很疲倦,有点粗声地同我打招呼。他静静地喝着卡布其诺。牛顿最后出现了,他情绪高昂,准备好了讨论。他已经抽空绕CERN的场地散步了。

牛顿:我早上散步时看见很多事情想要问问你,但是昨天我们商定我们的讨论应该以系统的方式进行下去,所以让我们首先探讨当今利用核能的途径吧。

哈勒尔:自第二次世界大战后期两颗原子弹爆炸以来,没有其他的核弹被投到有人区;另一方面,发展新式武器的工作一直在紧锣密鼓地进行着。在这方面最重要的进展是基于核聚变造出来的炸弹。

爱因斯坦:我昨天夜里几乎没睡;我禁不住想象利用铀弹或钚弹所能做的事情。我想到的一件事是爆炸一枚铀弹可以用来在很短的时间产生启动核聚变所需的高温。我担心那只可能用作制造炸弹——我指的是氢弹或氘弹。但是这会比铀弹具有更大的破坏性。

哈勒尔:这一点的确被想到了。事实上,第二次世界大战之后不久,美国和苏联的几位专家就顺着这些思路试图制造氢弹。他们特别快,在曼哈顿工程开始之后仅仅10年就成功了。它的运作方式很简单。一枚小型原子弹爆炸使燃料升温,达到聚变所需的温度。一颗裂变炸弹的爆炸启动另一次更强烈的爆炸。

在过去几十年,超级大国,特别是美国和苏联,一直在积聚各种各样的但都是依照这一原理制造的核装置,形成可怕的核武库。一枚氢弹的效力远大于基于裂变原理制造的原子弹,因而它的破坏潜力也同样远大于原子弹。毫无疑问,如果在地球上引爆一枚氢弹,所造成的闪光用肉眼在月亮那么远的距离都看得到。

一枚大型氢弹的破坏力大约相当于2亿吨TNT当量,你们也许知道后者是一种威力很大的炸药。爆炸产生的威力差不多有一半转变为巨大的始于爆炸点的压力波;大约1/3表现为热和光辐射,从爆炸中散发出来。

倘若这样一枚炸弹在日内瓦城上方50千米的晴空引爆,你们可以想象会发生什么。整个城市将被摧毁,日内瓦湖四周的小镇和周围的法国乡村也将被摧毁。在日内瓦方圆超过100千米的地区,直到伯尔尼城,而且远至侏罗山和阿尔卑斯山,所有的森林、所有的可燃物质都将燃烧。换句话说,整个瑞士西部和相邻的法国部分地区将只余废墟。大约会有100万人丧命。如果一枚氢弹在一个人口密集地区的上空爆炸,比如说德国的鲁尔区或者纽约和莫斯科城,那么将有几百万人丧命。

牛顿:我请求我们舍弃这么残暴的关于核能"利用"的部分。我对从原子核产生能量用于和平目的的可能性更感兴趣,不管是通过聚变还是通过裂变。

哈勒尔:我们首先讨论聚变吧,它是发生在太阳内部能量产生的方式。而当我谈到核聚变时,我不仅仅指氘核聚变为氦核。另外一个有趣的过程是氘核和氚核的聚变。

氚核是含有一个质子和两个中子的原子核。它可以通过把一个中子加到一个氘核来制造。如果我们现在加上一个电子使得它围绕这个原子核沿轨道运行,我们就得到一个超重氢原子,或者叫做氚。

把一个氘核同一个氚核合成,我们得到一个氦核和一个中子:

$$d + t \rightarrow He + n。$$

这个反应可以用不同方式表达,以显示出单个初态核子:

$$(p + n) + (p + 2n) \rightarrow He + n。$$

我们从两个质子和三个中子出发,并以同样的数目结束。核子只是改变了它们的伙伴。但由于氦核是一种束缚得特别紧的原子核,这一反应实际上产生出能量——动能。换句话说,所产生的氦核与中子以极大的速度从相互作用点离开。

仔细分析这个过程,我们发现初始质量的0.4%转化成能量。顺便说一下,这个反应就是主要用于热核武器的反应。我们显然应该问问自己,我们是否也能够利用它——或者就此而言,任何其他聚变反应——为了和平用途来产生能量。但这种想法还没有被证明是可行的,尽管我们为此做出了最大努力。

爱因斯坦:我认为那是由于把燃料,氘或氚或无论哪一种燃料,加热到大约1亿度的温度存在很多困难。

哈勒尔:高于1000万度但远低于1亿度的温度已获得并维持了很短的时间,即几分之一秒之内。但那是不够的。我们最终是否会成功全写在星象上了*,倘若你们容许双关语的话:你们可以说那写在聚变实际发生的地方。

牛顿:但是在地球这儿怎样才能获得那么高的温度呢?

哈勒尔:首先,把燃料加热到大约12 000度。这一温度足以使电子脱离原子核并将原子燃料转变成等离子体。其次,等离子体通过强磁场被强烈地压缩,后者将前者更进一步加热;用这种方法已经得到差不多4000万度的高温。然而,正像我说过的那样,如此高的温度只可能保持非常短的一段时间。

---

* 原文为 is written in the stars,西方社会用星象预测命运,故此话意为"全凭命运的安排"。——译者

目前,在欧洲做这类研究最先进的实验室是英格兰的JET实验室(欧洲联合核聚变实验室)——位于牛津附近的卡勒姆。那里的科学家正在朝着核聚变所需的温度缓慢逼近,而且最近在这个方向上已经取得了某些进展。

为了获得所需的高温,人们所做的其他一些新的尝试是把光子,或者更准确地说是激光束,射入聚变燃料。一束强大的激光可以加热氘并短暂地产生所需的聚变温度。数百万的聚变反应已经被这样启动了;但是热核燃烧的链式反应——我们希望它仍旧是可以控制的——仍未发生。我们不知道我们究竟能否设法基于聚变建成发电站,以获得便于使用的能量。然而,我们的确明白一点:倘若可控制的热核链式反应某一天果真出现的话,我们就可以无限度地产生能量了。在地球上存在丰富的聚变燃料供给,尤其是氘。一个像美国这么大的国家每天所需要的全部能量可以轻易地由仅仅250千克的氘和氚的聚变产生出来。

爱因斯坦:但是核裂变怎么样? 核裂变已被利用到什么程度来实现和平发电?

哈勒尔:受控核裂变的技术方面目前看起来比核聚变要有利得多。这一点很容易解释:核裂变是自发地发生的,没有必要把可裂变原料加热到很高的温度或者以某种特殊方式处理它。

另一方面,很容易控制裂变过程。我们已经看到,对于一定量的可裂变原料,比如铀,如果它足够多,链式反应就会开始。必须存在一个临界质量。在核反应堆中,裂变是由一个适当的操纵装置控制的,它使得裂变不像雪崩或炸弹爆炸那样进行,而是以一种连续的稳定的方式发生。为此,我们需要精确地控制在反应堆中蹦蹦跳跳的中子数目并不断地启动新的裂变。可以借助于控制棒实行这种控制,它们是由原子核可以轻易地吸收那些中子的材料组成的,例如镉。一把控制棒插进铀的活心区,链式反应就会中断。把它们收回一点,裂变将慢慢地重新发生。所以裂变是可以控制的,而且一旦发生任何故障就可以关闭反应堆。

爱因斯坦:尽管如此,我仍然禁不住想这个过程有点危险。各种意外事

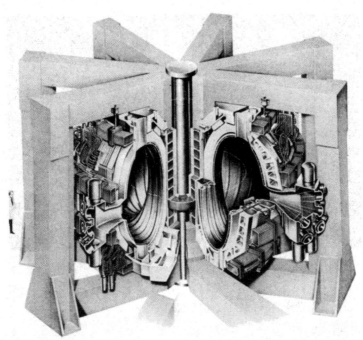

图 18.1　位于英格兰卡勒姆附近的欧洲联合核聚变实验室 JET。(承蒙卡勒姆的 JET 联合公司惠允。)

图 18.2　JET 实验装置的照片。(承蒙卡勒姆的 JET 联合公司惠允。)

图18.3　JET的环状燃烧室内部。在这个环中,等离子体借助于
强磁场被加热到几百万度的温度。左侧的技师可以说明该图的比例
尺。(承蒙卡勒姆的JET联合公司惠允。)

件或许会意想不到地凑在一起而导致爆炸的发生,你们认为这不可能吗?

　　哈勒尔:你的确不必担心像原子弹那样的核爆炸。反应堆修建得与炸
弹很不相同。即使发生了严重故障而且所有的控制装置都失效了,所能发
生的最坏的事情不过是反应堆的熔毁。决不会发生核爆炸,一个核反应堆
完全不存在原子弹所需的浓缩的可裂变原料的临界值。

　　关于这一点,我应该指出我们这个星球上的第一座反应堆是大自然而
非人工建造的。几年前,在西非国家加蓬的奥克洛铀矿沉积物中发现了一
种特别的铀同位素具有显著的浓度。对于这个奇怪现象的唯一解释是浓缩
铀属于一个天然核反应堆的剩余物。专家们计算出18亿年前在该地区一定
发生过一系列的核链式反应,持续时间长达10亿年。为了弄清核废料是如
何衰变的,甚至可以利用这个天然反应堆的残余物来做研究。更令人感兴
趣的是这个反应堆似乎受到了自动控制,它从未爆炸过。

　　我并非试图淡化从核裂变产生能量的危险性。然而,我们应该承认,上
百座核电站正在这个星球上运转,而且它们已经十分成功地运行了许多年,

只有少数值得注意的例外。我们不要忘记,一些国家已经利用核反应堆解决了很大一部分能源需求。只有一次,在20世纪80年代中期,位于乌克兰的切尔诺贝利附近的核电站发生了严重事故。在那次事故中,一座反应堆被完全摧毁了,大量辐射物质被释放到空气中。后来的调查表明,灾难的发生不仅是因为一些不幸的偶然事件凑在了一起,而且是由于某些技术人员显著缺乏应有的工作能力。苏联政府公开承认了这些问题。

爱因斯坦:我们能够保证类似的事故不会再发生吗?

哈勒尔:我们没有任何保证。尽管如此,我确信核反应堆能够以一个可以接受的安全保证程度来运转。但是不存在绝对的保证。

牛顿:这我乐意接受。在科学和技术上,没有理由做绝对的、无可置疑的声明。在过去的这几天里我已经对此有了切身体验。

爱因斯坦:先生们,让我们在这儿避免诡辩吧。如果事情到了像发生在

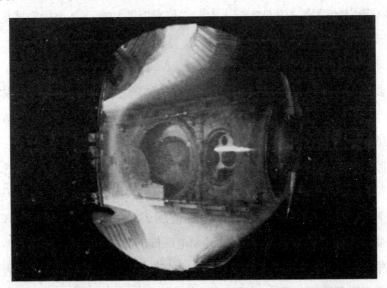

图18.4 轴对称偏滤器实验装置(ASDEX)燃烧室的内部视图。在这个位于德国慕尼黑附近的加尔兴市的聚变实验中,等离子体被加热到超过1000万度的高温。这里显示的是在蒸发过程中,一个氢靶丸刚刚被从右侧注入,还处于凝固的状态。[承蒙德国加尔兴的马克斯·普朗克等离子体物理研究所(IPP)惠允。]

苏联那样的严重核灾难的程度,我确信类似的灾难可能再次发生。要不然的话,你们有相信情况并非如此的理由吗?

哈勒尔:没有令人信服的理由。尽管如此,苏联的事件已经给了我们一个重要的教训,肯定不会再犯那里曾经犯过的错误。但是无法保证不出现人为的失误。比方说,那些应对切尔诺贝利反应堆管理不善负责任的工程师们为了做几个实验而故意关闭了核电站的自动安全系统,他们没有意识到那样做所涉及的危险。与使用核反应堆相关的真正危险,更多地同政治和经济环境联系在一起,而较少同技术问题有关。

如果一个运转着核反应堆的国家卷入了军事冲突,那就潜伏着特别的危险。敌方下达命令袭击反应堆的危险总是存在的;例如,他们可能会试图依靠小型核爆炸来炸毁反应堆。那样将使得整个地区长期不适合人居住,无数人将沦为牺牲品。基于这个理由,核反应堆不应该建在那些政治和经济都不稳定的国家。但是实际上看起来情况并非如此。一个国家或地区的政治和经济稳定性可能随着时间改变。只要想想发生在苏联的事情,一切就都明白了。

爱因斯坦:即使我们可以乐观地排除掉你刚才提到的政治问题,你觉得用核反应堆来产生能量——换句话说,开发核裂变——能解决将来肯定会出现的能源短缺问题吗?

哈勒尔:理论上,我们容易想象利用核裂变产生能量也许会成为未来主要的能量来源——我再一次假设我们不必担心政治方面的问题。可是考虑到今天国际局势的发展趋势,我们就不能那么乐观了。有些其他的理由与核裂变无关,其中之一就是怎样处理发电厂排出的核废料问题。

牛顿:可是请告诉我,这种废料比那些来自烧煤或者烧油的发电厂所排出的废料更危险吗?我在剑桥读过一篇文章说那些废料存在许多问题。

哈勒尔:也对也不对。那要看所涉及的废料数量的多少。煤和石油燃烧产生的有毒物质渗入大气肯定对环境有害。核反应堆的废品由于它们的放射性则以不同的方式损害自然环境。如今我们知道,从裂变过程中放射出来的大部分原子核都是不稳定的;它们经过一定的时间衰变成不同的、稳定的原子核。在这个过程中,会有高速运动的粒子释放出来,如被称为γ量子的高能光子。

很多放射性物质是天然存在的。我们所处的环境的天然放射性在数十亿年前一定更强烈;那时地球还比较年轻,放射性物质肯定相当普遍。然而,大多数不稳定的原子核自那时起都衰变成了稳定的最终产物,使得我们如今在地球表面所发现的元素几乎都是稳定的。尽管如此,天然放射性是不能被忽视的。我们都暴露在它面前。

牛顿:现在我明白了爱因斯坦在他那篇关于能量公式的3页纸文章中谈到依靠镭盐检验他的理论时意指什么了。镭一定是你所说的不稳定的或放射性的元素之一。

哈勒尔:对。镭所辐射出来的能量(注意该元素的名称! ＊)就严格属于核能。当爱因斯坦在他的文章中提出把镭作为支持他的论点的例证时,他是完全正确的。但是在他那个时代他无法知道他的公式在核反应的情况下有多么重大的意义。

爱因斯坦:我刚才想起了我在那篇关于相对论的文章发表后不久写给我的朋友哈比希特的一封信。我写道:"镭出现的质量减少应该测得到。这个想法既迷人又有趣,我真的不知道仁慈的上帝是否正在这儿发笑并且正在愚弄我。"现在看起来他好像没有嘲弄我。你们看,上帝是难以捉摸的,但他不怀恶意。

哈勒尔:像镭这样的不稳定原子核所发射出来的放射性粒子对于我们周围的生物系统是非常危险的,当然对人体也很危险。它们破坏生物的细胞组织。核反应堆中发生的裂变给我们留下了长寿命的放射性物质,这些物质通常由重元素组成;大约需要1万年的时间,这些元素的放射性才会降低到与我们在天然环境中观察到的最不稳定的矿石所具有的放射性可比较

＊ 这里指的是镭(radium)和辐射(radiation)两个词的英文拼法很相似,前者含有辐射的意思。——译者

的水平。

爱因斯坦：你在提醒我们：我们不得不把核反应堆的废料储存至少1万年。时间太长了，其间可能发生许多问题。如果1万年前住在山洞里的祖先给我们留下了他们的垃圾——假设这些长寿命的垃圾都是那时制造的，我们当然不会高兴。

哈勒尔：这的确是个严重问题。另一方面，现代技术允许我们把放射性垃圾储存在地下深处地理条件非常稳定的地方，例如地面以下1千米左右废弃的盐矿。那可以保证很大的安全性。以地质时间计算——通常以几百万年为单位——1万年就显得很短暂了。

假设我们将核裂变产生的放射性同地球表面天然发生的放射性做比较，人类一直暴露在后者面前。暂且假设我们从核裂变产生的能量与从燃烧全世界已知的煤储蓄所能产生的能量一样多，并暂时忘掉这种燃烧本身将会留下数量惊人的有毒垃圾。即使在这种极端的情况，由核反应堆所产生的长寿命放射性物质的放射性与天然存在的放射性相比是可以忽略不计的，准确地说，前者只占后者的万分之一。

爱因斯坦：这听起来像是好消息。尽管如此，也不能把反应堆的废料均匀地散布在地球的外表；得把它们集中在少数地点。

哈勒尔：对。所以说我刚才给你们做的比较有点令人误解。然而，那无论如何是有用的，倘若我们在很大程度上依赖于核反应堆的话，上述比较会使我们对所遗留的放射性物质有个量级上的概念。这些反应堆的废品并非什么新现象，它们只不过加入到天然存在的放射性元素中；而这种增加小得很，一般可以忽略不计。

爱因斯坦：但是你刚才不是告诉我们说你并不相信能源短缺的问题可以靠反应堆来解决吗?

哈勒尔：我认为只要能够控制放射性废料，我们就可以暂时利用核裂变适度地产生能量。如今停止产生核能是不负责任的。我们没有合适的替代方法；烧掉像煤和石油这样的宝贵原料肯定不是好办法，更不要说燃烧引起

的大气污染。

实际上，我正在考虑50年到100年的一段时间。更长期地依赖核裂变所产生的能量在我看来是不合适的，除非可以把核废料保持在一个可控的水平。只有把世界人口从今天的50亿降低，大概降到1亿左右，才有可能做到那一点。可是，人口依然在增长；而我无法想象，更多人口（比方说100亿）所需的能源可以通过裂变反应堆来产生，却既没有偶尔发生的灾难性事故也不造成大面积的放射性污染。

爱因斯坦：换句话说，核裂变似乎没有给出一个真正解决能源问题的答案。

哈勒尔：是的。任何声称有了完美的解决方案的人都是不可信的。将来只能缓慢而痛苦地解决能量生产的问题。必须探索各种可能性，而核能只是其中之一。还需要通过许多当代可行的技术来节约能源。我们应该记住，能量节约得越多越好，那样我们就不需要再从头开发太多的能量了。

在南部国家中，能源，尤其是电能，将越来越多地利用太阳来产生。此外，我们希望世界人口从长远来看会缓慢而平稳地减少。就未来的能源问题而言，你们可以看出，我既不乐观也不特别悲观。

牛顿：我注意到，你在谈到能量的产生时并没有提及核聚变。

哈勒尔：我昨天就告诉你们了，目前还不清楚我们究竟能否从聚变获取能量，而我只是在说眼下我们在地球上能办到的事。在太阳内部始终发生着聚变，而我们从到达地球的太阳射线所获取的能量也许可以称做间接的聚变能量。那可能是我们利用核聚变所能得到的一切了。然而，我们即使能够成功地控制聚变，我们仍然不能肯定能量是否能以技术上有用的方式产生出来。有一点是明确的：从今天的研究到将来可能的应用，我们还有很长一段路要走。

爱因斯坦：聚变的废料怎么办？

哈勒尔：像所有的核过程那样，核聚变也会留下放射性垃圾。但聚变这儿的有利条件是：放射性元素大多是轻元素而且寿命不太长，它们肯定不会造成1万年的危险。不幸的是,建造一座聚变反应堆得用到像金属这样的重元素。由于聚变过程会使得这些重元素表现出放射性,聚变反应堆或许也会给我们带来放射性垃圾的问题。但是我认为这个问题几乎不会像裂变反应堆的情况那么严重。

关于核聚变,我不想表现得过于悲观。问题仅在于,我们目前不知道是否有人能够建造一座聚变反应堆,提供经济的、可利用的能源。毫无疑问,应该鼓励进一步的研究工作,然而你们知道科学研究的成功是不可规划的。成功可能突然出现,也可能要等很长一段时间。有时由于所采用的方法不切实际,根本就不会成功。但即便我们找到了一个经济上可行的办法利用核聚变来产生能量,也许从现在算起50年之后,那也绝不意味着我们想得到多少能量就能得到多少。首先,仍旧存在核废料的问题;其次,拥有那么多的能量也许并不是件好事。经验表明,当能源供应充足的时候,我们的社会就会不计后果地浪费能源。而我们不希望这种事发生在自身,倘若我们想要保护环境的话。

这话听起来也许不合逻辑。但是我坚信,只要我们设法非常节俭地使用我们的能源和原料,包括核能,人类文明就能够在我们这个星球上延续下去。我相信这是我们唯一的出路。

我看了看手表——一上午几乎过去了。我的一个老朋友,来自美国的科学家同事,走了进来;他朝我点点头,好奇地看着我们这个小组。我们互致问候,但是我很小心,不介绍我的伙伴的姓名全称,只提到他们的名字。我的朋友同意当天带我的两位同伴参观CERN。我们将在下午晚些时候再碰面,地点是理论部楼上的办公室。我随便什么时候在CERN呆几天都用那间办公室。

第十九章　神秘的反物质

　　坐在我的办公室里,当爱因斯坦和牛顿沿着走廊来到我的房间门口时,我听到他们热烈讨论的声音。显然,下午的实验室参观给他们留下了深刻的印象。

　　我们讨论了一会儿 CERN 的大型加速器 SPS 和 LEP,它们得名于 Super Proton Synchrotron(超级质子同步加速器)和 Large Electron Positron(大型正负电子对撞机)的字头缩写。正如名字所显示的那样,两台机器中的头一台用于加速质子。质子的总能量可以提高到差不多 400 GeV;依照爱因斯坦的公式,这相当于质子静止质量所对应能量的 400 多倍。同一台机器在加速质子的同时也加速质子的反粒子,通常称做反质子(antiproton)。(我们将进一步讨论反粒子,并且更一般地讨论反物质的概念。)用这种方式可以使质子和反质子迎头对撞,而且在这些剧烈的对撞中产生的粒子可以用特殊的探测装置来分析。这些粒子探测器以很多不同的方式测量粒子的径迹。

　　另一台机器,LEP,加速电子和它们的反粒子,通常称做正电子(positron);它把每个粒子加速到大约 50 GeV 的能量。在这里粒子探测器也是围绕着相互作用点来研究发生在 LEP 中的迎头对撞。像加速器本身一样,这些大规模的探测器被安装在地下隧道和大厅里面。

牛顿：你的朋友，我们的导游，十分友善地给我们解释了加速器的基本特性。当他接下来谈论修建这些机器所要从事的研究项目时，他不断地提到"反粒子"和"反物质"。那家伙显然对他的谈话对象连最模糊的概念都没有，以为像我们这样两个理论家懂得所有有关反物质等类似的知识，因此他一句解释的话都没说。你会理解，我们没有问他任何问题，所以我不得不问问你：什么是反粒子？什么是反物质？

图19.1　在CERN用于研究质子—反质子高能对撞的大型探测器之一。（承蒙CERN惠允。）

哈勒尔：要回答那些问题，我就从剑桥说起吧。在20世纪20年代后期，一位名叫狄拉克(Paul A. M. Dirac)的年轻物理学家建立了当时快速发展的原子物理学连同它的基本理论量子力学和爱因斯坦的相对论之间的联系。顺便告诉你，牛顿教授，狄拉克后来在三一学院担任了曾经属于你的教授职位。

不久事情就显而易见了，要把这些不同的领域联系起来并不那么容易；

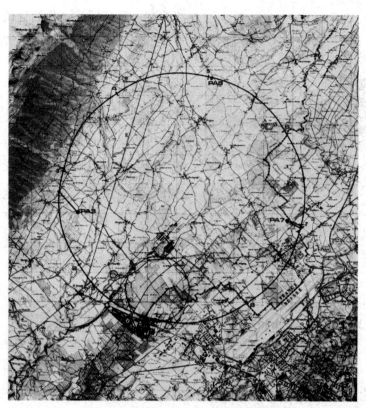

图19.2 LEP加速器被安置在一个27千米长的环状隧道内,隧道处于日内瓦机场和侏罗山脉之间倾斜的山谷的地平面之下。沿着圆环的标志表示电子和正电子之间能够发生对撞的相互作用区。小环标志着SPS加速器的隧道,下面密集的建筑群是严格意义上的实验室场所。LEP加速器自1989年以来一直在运转着。(承蒙CERN惠允。)

不过在原子物理学中就大多数实际用途而言,无论如何没有必要关注相对论效应。在原子里面粒子的速度一般比光速小许多,所以空间和时间在原子物理学中扮演相当不同的角色,基本上就像在经典力学中那样。狄拉克并没有把太多精力花在寻找原子物理学中某些现象的新奇解释上,他更多地试图把他的思想作为原则问题来探求;他想要以这样一种方式表达对原子物理学的崭新见解,那就是它们可以依照相对论的观点一般化。

爱因斯坦:在相对论中,空间和时间之间其实不存在本质的差别。它们

图 19.3　艺术家视野下的 LEP 实验区之一。电子—正电子对撞发生在地下深处，所以大型粒子探测器不得不安置在地下大厅里。

纠缠在一起分不开。我姑且认为狄拉克计划在量子力学的情况下解出这一关联的细节。

哈勒尔：对。狄拉克只不过是从这样的假设出发：在涉及以接近于光速传播的粒子的所有情形中，都得以相同的方式处理空间和时间。这就是他 1928 年设法推导一个非常有趣的方程的方式，该方程描写的是如今所谓的狄拉克函数，确保了把相对论扩展到原子物理学。它的第一个应用就立即获得了意想不到的成功：它相当精确地描述了电子与磁场的相互作用。

之后不久，狄拉克注意到他的方程不仅能够正确地描写电子在原子力下的行为，而且它预言了一组新粒子的存在。这些新粒子具有和电子相同的质量，但是电荷相反——与电子的负电荷大小相等的正电荷。

狄拉克本人起初不愿意接受他的理论的所有结果，因为唯一带正电荷的原子组分是质子，其质量比电子质量大得多。狄拉克试图找到这一问题另外的解决方案。在很多不成功的尝试之后，他终于说服自己这些额外的粒子实际上应该与电子和质子并存。他把它们称做电子的反粒子。

狄拉克的电子理论的一个重要方面在于电子及其反粒子以完全对称的方式出现。它们可以相互交换，而没有发生任何显而易见的本质改变。

不过现在让我们离开欧洲转到位于帕萨迪纳的加州理工学院。20 世纪 30 年代初期的加州理工学院，正在开展对宇宙线的详细研究。为了这一目的，其中一个叫安德森（Carl Anderson）的研究人员建造了一个云室。以当时的标准来衡量这个云室相当大了，可以用来观察和拍摄带电粒子穿过云室之后在里面留下的径迹。如果把一个这样的云室放到强磁场中,粒子就会以弯曲的轨迹穿过它。弯曲的程度和方向可用来确定粒子的质量和电荷。安德森观察到大量这样的径迹,确信它们都是由已知的粒子造成的——要么是带正电荷的质子,要么是带负电荷的电子。

1932年8月2日上午,安德森照常研究最新的云室径迹照片。不过那天他注意到一条轨迹,乍看起来像是电子的轨迹——它的质量结果等于电子质量。然而,径迹的弯曲是错的,它刚好与所期望的电子轨迹的弯曲方向相反。它的行为表现像是一个带正电荷的电子。

安德森的本能反应是检查他的仪器装置以排除所有可能的实验错误。他没有发现任何错误。不久以后他找到了更多的神秘粒子。它们的径迹有一些似乎突然中止了,就好像粒子忽然消失了一样。再没有什么好疑虑的了:电子有一个携带正电荷的孪生兄弟。安德森把他的新粒子称做正电子。

爱因斯坦: 换句话说,安德森发现了狄拉克所预言的粒子。

哈勒尔: 也是也不是。安德森在做他的实验那会儿,对狄拉克在剑桥做的理论工作一无所知。只有到了1933年,安德森发现的粒子才被认可为狄拉克已经猜想到会存在的反粒子。于是正电子被牢靠地确认为电子的反粒子,并记为e^+。就像我说过的那样,它的质量等于电子的质量:

$$m(e^+) = m(e^-) = 9.1091 \times 10^{-31} \text{ kg} = 0.511 \text{ MeV}.$$

牛顿: 质子也有反粒子吗?

哈勒尔: 安德森的发现实际上是迈进一个全新领域的第一步,那就是反物质领域。今天我们知道每个粒子都有其反粒子。电中性的粒子有时就等同于它们的反粒子;比如说,光子是一个混杂粒子——它同时是本身的反粒子。

所以质子也有反粒子,标记为$\bar{p}$。反质子具有和质子相同的质量,但是电荷相反。它是在1955年发现的——不像正电子那样是在宇宙线中发现的,而是在伯克利的一个加速器实验中发现的。更晚些时候,中子的反粒子被发现了。如同中子,反中子是电中性的——它们不携带电荷。

图19.4　安德森站在使他发现了正电子的云室旁。严格意义上的云室藏在黑线圈里面，后者为实验产生磁场。插图显示的是安德森最先发现的正电子径迹中的一条。(承蒙加州理工学院惠允。)

在CERN这儿，产生大量反质子的技术已经发展起来了。人们利用一个小型加速器把反质子注入大型SPS加速器，后者随后提高它们的能量，如同处理质子一样，直到反质子以接近于光速的速度运动。

图19.5　在把反质子注入SPS加速器之前，CERN的反质子储存环利用磁场把反质子限制在它的环状真空室中。

爱因斯坦：倘若我这儿有一个正电子和一个反质子，它们不就像电子和质子那样由于电荷相反而相互吸引了吗？果真如此的话，这不就意味着我可以从这些反粒子构造出某种东西吗？

哈勒尔：当然可以。我们可以用那种方式制造出一种新元素，反氢。如果我们把反中子包括进来，我们也可以——在理论上——制造出更复杂的反元素，比如反氦或反铁，甚至反铀。不过正如我所说的，那只是在理论上;在实验上,没有人试图制造比反氘和反氦更重的反核子。尽管如此,我们应该知道在我们的宇宙中,所有物质在原则上——若非在实际上——都有其反物质。物质和反物质之间没有本质的差别,这是我们从狄拉克的理论中所获悉的重要思想之一。

牛顿:你先前不是说一些正电子的径迹在云室中突然停止了吗? 那儿发生了什么? 粒子消失了?

爱因斯坦:关于那些径迹,让我来问另外一个问题:它们从哪儿开始? 在安德森的实验里正电子是从哪儿来的? 如果它们会突然消失,它们也会突然出现。

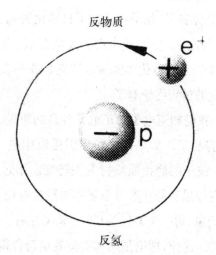

图 19.6 反物质的最简单形式是反氢。它含有一个反质子和一个正电子。

哈勒尔:你是绝对正确的。两种现象是有关联的,就像我们一会儿将看到的那样。不过先说说那些中断了的径迹:它们也可以由狄拉克的理论来解释。正如我提到的那样,该理论提供了一种相对论和原子物理学之间的有机结合,因此爱因斯坦的公式在这儿再次现身就没什么好奇怪的了。而且它是以一种令人难忘的方式起作用的。

让我们看看一个正电子和一个电子相互对撞。在对撞的一刹那,灾难降临这个微观世界——两个粒子相互湮没了。剩下的是以电磁辐射形式存在的能量,即光子。在这个湮没过程中,两个粒子的质量严格依照爱因斯坦的质能等价规则转化为光子的能量。

牛顿: 这向我们表明了安德森所看到的现象。每当他看见一个正电子的轨迹突然中断,那个正电子已经和一个电子碰撞并且二者已经湮没掉了。

哈勒尔: 实情刚好如此。狄拉克的理论甚至指明如何去计算湮没过程所产生的光子数目:通常会出来两个光子。安德森在大多数情况下看到的只是正电子的消失。他的云室不允许他观测以光速离开湮没点的两个光子——像光子这样的电中性粒子在云室里留不下径迹。

牛顿: 爱因斯坦,你赢了,粒子和反粒子只转化为光子,这种离奇的转化是你的公式的最极端结果。整个质量都转变成能量,而不是像核裂变或核聚变那样只有一小部分质量转化为能量。这就是我一直期待的!一个所有质量都转化为辐射能的过程终于有了。

爱因斯坦: 由于我们知道电子和正电子各自的质量,要确定两个光子之中每一个的能量就容易了。如果两个粒子缓慢地相遇,我们就可以忽略它们的动能,那么只有粒子的静止质量将发生转变。不过电子的静止质量是0.511 MeV,所以我们如果在静止参考系观察该湮没过程,就能够预言离开湮没点的两个光子的能量,每一个必定为0.511 MeV左右。

哈勒尔: 实情正是这样,理论预期和实验测量符合得惊人地好。在这方面,电子和正电子的湮没是对你的公式以及间接地对相对论最令人难忘的解释和说明。

爱因斯坦: 可是你还没有告诉我们正电子是从哪里来的。

哈勒尔: 我没有直接说出来,但是已经间接地表明了正电子的出处。我们刚才看到了一个电子和一个正电子自身是如何湮没成两个光子的。此处值得回顾一条物理学基本定律,它既适用于狄拉克的理论,也适用于牛顿力学和爱因斯坦的相对论:每一个微观过程都是可逆的。它通常被称做时间反演不变性。我们已经说过,当电子和正电子迎头相遇时,它们把所有的质量和能量都转化为两个光子。让我们把该过程转向,使得两个光子相互作用:相互作用可以导致两个光子转变成一个电子正电子对。注意这两个粒子先前并不存在。它们是从"虚无"创造出来的,或者更准确地说,是从能量产生的。这一产生过程恰好是电子正电子湮没的反过程。因此粒子的产生和湮没是密切相关的过程。

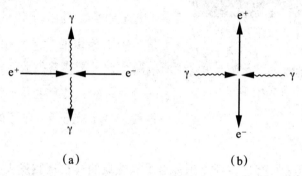

图19.7　(a)电子和它的反粒子正电子的湮没导致两个光子(或γ量子)发射出来。湮没粒子的能量等于发射出来的光子的能量。(b)反过来,两个对撞的光子可以产生一个电子—正电子对。依照爱因斯坦方程,只有在能量大到足以产生两个带质量粒子的条件下,该过程才会发生。

爱因斯坦:这是古老法则的另一个版本:不破则不立,无死则无生。不过要记住,依照我的方程,你提到的粒子产生只有在两个光子的能量大到足以产生粒子的静止质量的条件下才会发生。

哈勒尔:当然,两个光子必须有适当的能量,即至少2倍于0.511 MeV的能量,来提供一个电子—正电子对的质量。倘若它们没有那么大的能量,就根本什么都不会发生,光子将只是擦肩而过,不会发生相互作用。

牛顿:让我问另外一个问题吧。根据定义,电子和正电子具有相反但等量的电荷。在这方面它们的表现如同一个电子和一个质子。不过我如果把一个电子和一个质子放在一起,我就构造出一个氢原子。用一个电子—正电子对也许可以做类似的事情,对你来说这可能吗?换句话说,刚好在两个粒子湮没之前会存在一种原子结构吗?

图 19.8 一个电子—正电子对产生于电磁相互作用。箭头表示这对粒子事件形成的地点。在磁场中相反的轨迹弯曲是清晰可见的，它们是由电子和正电子相反的电荷造成的。

哈勒尔：艾萨克爵士，你又一次想到我前头去了。这种类原子结构的确存在，它称做电子偶素（positronium）。只要一个电子和一个正电子缓慢地接近对方，它们就会处于电子偶素状态。它其实不是个原子；与氢原子不同，它没有原子核。电子和正电子具有相同的质量，所以两个粒子围绕着彼此运转。电子偶素的寿命很短：它产生后不到百万分之一秒就衰变成光子了，典型的情形是衰变成两个光子。

爱因斯坦：所有这些新见识都是难以想象的。自从我发表了我的第一篇关于相对论的论文，对那一类物理学的思考就开始出现了。这个电子偶素的事情相当古怪。就想象一下吧，物质和反物质在一个微小的空间内被挤压在一起，在它们转化为纯辐射之前，它们仍然有时间在途中构成一种原子。

关于反物质，到目前为止我们讨论的只是在粒子相互作用中偶然产生的个别反粒子。不过我们也许应该考虑我们的宇宙某处更大数量的反物质，比如说反氢或反铁。倘若以某种方式把一大块反铁置于地球表面，它就会立即使它周围的普通物质消失。结果将会是巨大的爆炸，比一枚氢弹爆炸威力大得多。

哈勒尔：那将依赖于物质和反物质被允许以多快的速度相互接近。当

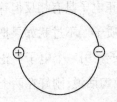

图 19.9 电子偶素是一个类似于氢原子的物质与反物质的结构（更准确地说，是电子和正电子的结构）。两个粒子沿圆形轨道运动。在电子偶素"原子"产生之后不到百万分之一秒，它就衰变成两个或多个光子。

然了,如果我们把1千克的反物质装进一个含有等量普通物质的罐子里面,那么稍有不慎就会天塌地灭。然而,我们可以试着使湮没过程缓慢发生,甚至可以用它来创造能量。

这在技术上不困难,因为物质和反物质的湮没不像核聚变,并不需要高温;这个过程发生起来相当容易。要给一个1000万人口的国家提供一整年所需的能量,只需要物质和反物质各1千克,相互缓慢湮没。该方案只有一个障碍——我们没有一大块反物质。考虑到所涉及的危险性,我们没有反物质也许是件幸事。

不过看看,外面天黑了。我们最好再来关心一下物质,一种可以吃的物质。我们可以饭后再回到反物质的话题。

我建议我们穿过国界到法国境内的一家餐馆进餐,我的同伴都赞同。我们上了车,动身前往侏罗山脉。

第二十章　对基本粒子感到惊奇

我们到达目的地只用了20分钟。"好运"是家小而舒适的饭馆,就位于侏罗山下的圣让-德贡维勒村庄。老板帮我们找了一张靠角落的桌子坐下,在那儿我们不受干扰。爱因斯坦仔细看了酒水单之后,我们听从他的建议点了一瓶"教皇新堡"葡萄酒。我们从菜单选了一道我以前吃过并可以热心推荐的鹿肉。放下酒水单,爱因斯坦立即回到反物质的话题上来。

爱因斯坦:你已经不止一次谈及物质和反物质之间的对称性。然而,当我观望宇宙时,我看不到这样的对称性。在我们周围,我看到的全是物质——我看见了我们三个人,这张桌子,我们呼吸的空气。甚至我们正在等待的鹿肉也更有可能是鹿身上长的,而不是反鹿身上长的。我们生活在物质世界。我们为什么在宇宙中看不到反物质? 或者你要告诉我说在外太空某处存在由反物质组成的恒星和行星?

哈勒尔:你提出了一个重要问题。我恐怕即使在今天,我们对你的问题也没有一个满意的答案。但是我可以引用几点事实。一个由反物质组成的星体看起来就像一个正常星体。不论来自物质粒子还是反物质粒子,它的光芒都是完全相同的。

牛顿:那么在银河里面也许存在一些反星体? 有没有可能我们的银河

系包含一半物质和一半反物质？平均而言，物质和反物质的数量刚好一样多，而且你先前谈及的物质和反物质之间的对称性至少在平均意义上将会实现。我们处在一个物质行星上纯粹是巧合，某些其他文明社会也许居住在一个反物质行星上。

哈勒尔：但是实际情况并非如此。如果银河系某处存在一个反星体，我们就会目睹湮没频繁发生的事件，原因是反星体不可避免地会与它周围的正常物质相接触。结果会有许多高能光子发射出来。寻找这种类型的伽马射线源的努力一直在进行，但是没有成功。因而我们如今相当有把握，至少在我们的银河系不存在反物质，除了在正常粒子相撞中产生的为数不多的反粒子，例如安德森发现的正电子。

在离这儿只有几千米远的CERN，他们产生了大量反质子。我们可以毫不夸张地说，CERN和芝加哥附近一个类似的实验室，费米国家加速器实验室，是我们的银河系中仅有的你能找到反质子以相当大数量存在的地方。但即便在那里，我们涉及的也是极小的、肉眼看不见的数量。

即使数量上像1克这么小的反物质也不会以浓缩的形式存在于银河系的任何地方。而且我们应该为银河系不存在反星体而感到高兴。牛顿教授，假如自然界按照你的建议行事，以对半混合的方式用星体和反星体构造银河，那么我们或许就根本不存在了。地球会不断地受到来自湮没过程的高能质子的轰击，那将对我们这个行星上的生命造成灾难性的后果。说不定生命根本就不会进化出来。

在20世纪，当银河系只含有物质这一点变得明朗之后，自然就有人提出在太空中也许存在其他仅由反物质组成的银河系。但是至今我们确信情况并非如此。有些过程会导致在银河系之间交换少量的物质，但是在已知的关联情形中并没有观测到湮没过程。这最有可能意味着宇宙——远到我们用今天的望远镜所能看见的范围——只由物质组成。大自然看来歧视反物质。在我们的物理实验室，反物质粒子肯定可以同物质粒子对称出现，但是它们在宇宙的构造中似乎没有扮演什么角色。

图20.1 一个遥远的星系在过去的某个时候同另一个较小的星系相撞。该过程伴随着强烈的无辐射的物质交换，暗示两个星系都由物质组成，并且即使是遥远的星系也是由物质而非反物质组成的。

牛顿：然而，肯定存在某些假说试图解释这一奇怪的现象。倘若我今天还能从事物理学研究，这类问题恰好合我的口味。

哈勒尔：是有许多假说。一个有趣的理论以大约150亿年前的所谓大爆炸（Big Bang）为出发点，它或许真能解决问题。依照这一理论，物质和反物质最初是对称存在的。可是该对称性并不完美，物质粒子的数目稍微超过了反物质粒子的数目——每100亿对物质和反物质粒子多出来一个物质粒子。这些粒子对经过一定的时间互相湮没掉，最后只剩下了多余的物质粒子。我们的世界以及我们自身都源自那些剩余的物质粒子。

由于上菜,我们的对话被打断了。我们暂时全神贯注地享受美食。然后爱因斯坦重新开始了讨论。

爱因斯坦:哈勒尔,你先前提到了这种奇特的原始爆炸,但是我承认我并不真懂有关失踪的反物质的来龙去脉。首先,为什么最初物质比反物质多? 到底什么是大爆炸? 我们能肯定曾经发生过原始爆炸吗?

哈勒尔:我们不应该偏离我们的主题太远——还记得吧,我们想做的是专注于相对论和与之密切相关的事情。如果我们进入宇宙学,我们不久就会忘掉最初的话题。我们可能花上几天,也许几周的功夫来讨论天体物理学、粒子物理学和宇宙学的复杂问题。

爱因斯坦:你或许是对的。我们改日再讨论大爆炸吧。

牛顿:我同意。即使最新的关于世界起源的假说对我来说也是非常有趣的,有关反物质的确凿事实也是如此。我必须还要记住明天晚上我得赶回剑桥去。那么让我们回到反物质。到目前为止,我们只考虑了电子和正电子的湮没。当一个电子和一个正电子对撞时,它们相互摧毁对方,放出两个光子。

哈勒尔:那只有当两个粒子相当缓慢地运动时才是对的。当电子和正电子以接近光速的速度对撞时,会导致不同的过程。这类实验已经在好几个地方做过了,比方说,在汉堡一个叫做DESY(德意志电子同步加速器)的德国国家实验室就开展过有关的实验。

如果我们使电子和正电子以许多个 GeV 的能量迎头相撞,湮没通常是以一个小火球的形式发生。像凤凰涅槃那样,出现大量基本粒子,包括质子和反质子。一个必须满足的条件是,所有产生出来的粒子的能量之和必须等于最初的电子和正电子的能量之和。总能量保持不变。

甚至有的反应产生出很重的粒子。让我给你们举个有启发性的例子。如果我们使电子和正电子各携带 4.7 GeV 的能量并相互对射,它们将几乎以光速碰到一起。一个新粒子可以在碰撞中产生,它的质量刚好等于相撞粒子的总能量，即9.4 GeV。这样一个粒子，大约10倍于一个质子那么重，是1977年在美国进行的一个不同的反应中发现的，但是大约1年之后它在DE-SY实验室的电子正电子湮没中被观测到了。它现在被称做宇普西隆，或者"Y粒子"。

牛顿：产生这么重的粒子应该被视为爱因斯坦方程的一个激动人心的证明，原因是电子和正电子的所有动能都转化成了新产生的粒子的质量。

爱因斯坦：这个粒子在它产生以后会怎样？它就呆在那儿吗？

哈勒尔：根本不会。它存活很短一段时间后就衰变成其他粒子了，它甚至可以转回到一个电子和一个正电子。不过，它的衰变也能够带给我们一个质子和一个反质子，一个中子和一个反中子，或者多种其他粒子。

牛顿：这些超重粒子存活这么短的时间意义何在呢？比如说，我们对Y

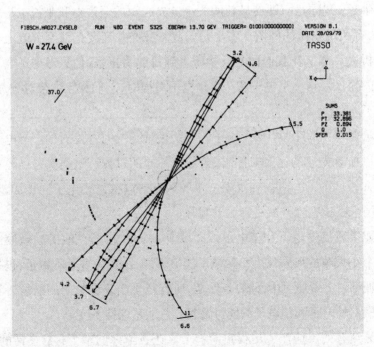

图20.2　一个电子—正电子湮没事件，其中对撞粒子的总能量等于27.4 GeV。在此过程中，产生了11个带电粒子。该事件是由德国汉堡DESY实验室的TASSO合作组于1979年记录下来的。

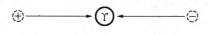

图20.3 一个电子和一个正电子都携带 4.7 GeV 的能量，它们相互碰撞，在此过程中形成一个重的 Υ 介子。由于这个介子的质量等于对撞电子的总能量，它产生之后处于静止状态。

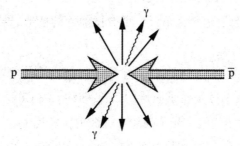

图20.4 一个质子—反质子湮没事件，随后发射出许多粒子，其中大多数是介子——与电子—正电子湮没不同，后者常常只有两个光子发射出来。

粒子都知道些什么？

哈勒尔：你的问题就像我们先前略微提到的宇宙学，会导致同样进退两难的局面。倘若我们陷入粒子物理学的细节，那么仅仅得到一个不完全的

图20.5 一张气泡室照片显示反质子在气泡室气体中撞击原子核后湮没掉了。从左侧进入气泡室的三条弯曲轨迹应归于运动相对缓慢的反质子。这些反质子中的每一个最终都会击中一个原子核，在此例中是一个质子。在随后发生的湮没过程中，产生出好几个介子。中央的反质子的径迹清晰可见，一直延伸至一个湮没顶点，四个带电介子的轨迹由此而生。(承蒙CERN惠允。)

概貌也要花上几天的时间。我的例子只是想要说明，现代粒子加速器可以用来从诸如电子和正电子等轻粒子的碰撞过程中产生很重的粒子。而那必定被看作爱因斯坦的质能方程的最不寻常的应用之一，就像艾萨克爵士刚才对我们说的那样。

牛顿：我们已经几次谈到了电子—正电子湮没。但是当一个质子同一个反质子碰撞时，会发生什么情况？那会像前面的情形，导致两个光子发射出来吗？

哈勒尔：或许会发生。如果这两个粒子在湮没前几乎处于静止状态，那么总的可用能量只不过是质子质量的2倍，即约1.88 GeV。原则上，这一能量可以在离开湮没区的两个光子的能量中被重新发现。

然而，在实际做实验的时候，研究人员经常发现十分不同的过程发生了。整个系列的粒子产生出来了，包括光子以及带电的和中性的有质量粒子。我实在无法详谈这一现象的细节，因为那不得不涉及碰撞粒子的结构。质子毕竟具有内在结构，它与电子的结构很不一样。

爱因斯坦：但是他们发现了哪种粒子？电子和正电子？

哈勒尔：他们经常发现的是我们甚至没有讨论过的粒子，叫做π介子。不过在我讨论这些粒子之前，我应该提及：它们常常在质子乃至核子相互对撞的时候产生。看看这张照片，它是一个特别高能量的碰撞。

爱因斯坦和牛顿饶有兴趣地注视着我放在桌子上的照片（见图20.6）。它显示了一个相互作用的末态，其中被高度加速的硫元素的原子核射到金原子核上。硫的总能量为6400 GeV，而金处于静止状态。

爱因斯坦：上帝啊，从相互作用中产生了几百个粒子。

哈勒尔：你在这儿看到的很多径迹只不过是最初作为硫原子核一部分的质子，它们从左侧进来。但是大部分径迹是由在碰撞中产生的介子造成的。

图 20.6　在极左边,一个高度相对论性的硫原子核同一个静止的金原子核发生碰撞。硫射弹的能量为 6400 GeV。在此过程中产生了上百个新粒子,而两个初始原子核都被打碎了。用以摄影记录的非常专门的探测器叫做流光室。(承蒙 CERN 惠允。)

牛顿:爱因斯坦,它们再一次与你的公式相符。在我看来,好像这些介子很容易出来。当质子或原子核相撞时,介子显然会轻而易举地产生,且数量不菲。我们只须确定有足够可利用的能量来保证爱因斯坦的公式得到满足。

爱因斯坦:哈勒尔,请告诉我们有关这个奇特的新型粒子的更多情况吧。

但就在这时,饭馆老板的妻子送甜点来了。不久以后,我们离开了这个招待周到的地方。满月当空,侏罗山映射着一片月光。爱因斯坦想要走几步穿过圣让-德贡维勒的街道和那一边的草地。待到我们返回 CERN 的招待所时,已经快到半夜了。

第二十一章　物质衰变吗?

　　第二天早晨在我们回到我的办公室之前,我和爱因斯坦及牛顿一起在 CERN 的自助餐厅吃早餐。没有太多的剩余时间来讨论;那天留出了部分时间给牛顿和爱因斯坦观看实验室正在做的一些主要实验,那是我们在一起分享的最后时光。

　　牛顿:昨天我们只是略微谈到了介子。你为什么不多告诉我们一点儿有关那些奇怪物体的信息呢?

　　哈勒尔:你们想起了我们对 μ 子的讨论吗? μ 子产生于大气上层,以相对论的速度俯冲到达地球表面。

　　爱因斯坦:是的,但是那仅仅因为时间延缓的缘故才做得到。

　　牛顿:我怎么能忘掉那些粒子呢? 它们加速了我的旧的时空结构的坍缩,应该受到谴责。

　　哈勒尔:当我告诉你们说, μ 子产生于大气上层来自宇宙线质子与大气原子核的碰撞,是有点不准确的。这些碰撞最先产生的是介子,更准确地说是 π 介子, π 介子穿过空间飞行很短的时间后,几乎马上就衰变为 μ 子和中微子。

　　爱因斯坦:很好,但是这些介子的性质是什么? 它们与质子有联系吗?

哈勒尔：说存在3种π介子就足够了，可由它们的电荷来区分——正的、负的、中性的。它们的质量差不多相等，大约140 MeV，这使得它们比μ子重差不多30%。它们由符号π^+、π^-和π^0来标记。μ子是由带电介子π^+和π^-衰变产生的，后两者的寿命极短，在10^{-8}秒的量级，1微秒的百分之一。

牛顿：那么中性介子怎样衰变呢？

哈勒尔：中性介子比带电介子存活的时间更短，它们只存活10^{-16}秒。因此要在实验上确定它们的寿命是极其困难的。实际上，中性介子在它们产生之后立即衰变成两个光子。

爱因斯坦：像电子偶素衰变那样，在电子偶素衰变中，电子和正电子相互湮没掉了。

哈勒尔：爱因斯坦，那是个很中肯的见解。人们已经注意到一个中性介子事实上与电子偶素特别相像，是一个物质反物质实体。

牛顿：你打算告诉我说介子是由电子和正电子组成的吗？如果是这样的话，那么带电介子看起来是什么样子？

哈勒尔：那并非全然我的意思。但是介子的确由物质和反物质组成。今天，我们知道质子、中子以及由此而来的所有原子核实际上都是由叫做夸克（quark）的更小粒子组成的。比方说，一个质子由三个夸克组成，而一个反质子由三个反夸克组成。

爱因斯坦：多么奇怪啊！昨天我们看高能粒子碰撞照片的时候，我们看到了很多径迹。但是你告诉我们说所有那些径迹不是质子就是介子。其中怎么没有夸克呢？倘若碰撞以如此高的速度发生，我猜想它们会把一些夸克从原子核中弹出来。

哈勒尔：至今还没有人在实验室中直接观察到作为单独粒子的夸克。夸克展示出双重行为：在原子核内部它们表现得像正常粒子那样——而在这方面它们是可观测的，只是要间接地去观测。但当我们试图把一个夸克移离它的同伴时，我们总是失败。我们把一个夸克移离另一个夸克越远，将它们束缚在一起的力就越强。因此绝不可能观察到作为单独粒子的夸克，对这一点我们非常有把握。当我说到质子内部作为实体的夸克时，我故意不把它们称做粒子。

牛顿：现在我明白你说介子其实是一个物质和反物质的态所指的含义了。你是指介子由一个夸克和一个反夸克组成？

哈勒尔：确实如此。在这个意义上可以把一个介子比作电子偶素，后者也是粒子和反粒子的组合体。但我们还是回到夸克的话题上来。当今关于所有物质的性质的思想都是基于夸克的存在。而且我告诉你们另外一件令人惊奇的事情：存在好几种夸克，而带电介子是由一种夸克和另一种反夸克组成的。这使得某些介子可能携带电荷。不同种类的夸克具有不同电荷，一个介子的电荷只不过是它内部的夸克电荷之和。

中性π介子是由一个同类的夸克—反夸克对组成的。这使得它看起来特别像电子偶素。如果我们把一个电子和一个正电子用相同种类的一个夸克和一个反夸克来替代，我们就得到一个中性介子。这就解释了介子的短寿命——夸克和反夸克仿佛相互追击并相互湮没，而这就是介子产生之后立即发生的事情。

爱因斯坦：所以这是介子的特性。它们是束缚在一起的物质和反物质，一个能量束缚态，而这一能量可以在粒子产生后旋即由它的衰变释放出来。

哈勒尔：也可以这么说。这使得中性介子成为你的方程的短命的见证

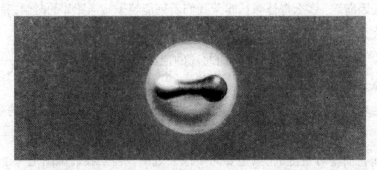

图21.1　一个介子的内在结构，显示出它的组分包括一个夸克和一个反夸克。某些电中性的介子通过夸克—反夸克湮没衰变成光子，类似于电子偶素的电子—正电子湮没。

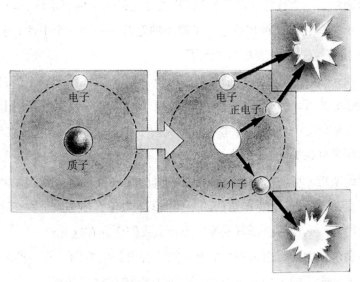

图21.2　氢原子衰变的一个可能模式的示意图。质子衰变成一个正电子和一个中性介子,后者随即衰变为两个光子。电子和正电子也湮没成两个光子。最后,整个原子转变为电磁辐射能。

人。当中性介子衰变时,它们的全部质量,大约 2×10^{-25} 克,都转化为辐射能量。

牛顿: 我们已经讨论了这么多有关不稳定粒子的性质,以至于我都担心质子和原子核或许也是不稳定的。我们怎么知道质子是稳定的呢? 在基本粒子物理学中,我们似乎始终在和不稳定粒子打交道,然而原子核却是稳定的,这不奇怪吗?

哈勒尔: 这是个很重要的观点。今天我们相信我们体内和我们周围的物质产生于大约150亿年前的大爆炸。自然界似乎存在一条严格的规则:无论什么,它能产生也就能衰变。生与死是密切相关的。如果核物质是在某时某地产生的,它也会衰变。因此有人设想连质子最终也不稳定,而且经过一定的时间也将衰变。

爱因斯坦: 那么质子会怎样衰变呢?

哈勒尔：一个有意思的可能性，其实也是最简单的可能性，是衰变成一个正电子——它在某种程度接收了质子的电荷——和一个中性介子。当然了，这个介子会立即衰变成两个光子。

牛顿：一个正电子从质子衰变中出现了！以氢为例，那么：当它的质子发生衰变并放出一个正电子时，这个正电子后来会同氢原子壳层上的电子碰撞。而那将导致电子和正电子湮没成两个光子。爱因斯坦，现在注意了：整个氢原子分解为4个光子——纯辐射能量。这是你的公式的另一个应用！

爱因斯坦：哈勒尔，对不起，但是我真的无法接受这一点。如果质子一定会衰变，我们有一个更严重的问题要回答：为什么还有质子留在这个世界上？它们为什么没有全部衰变掉？为什么我们生存在这儿？

哈勒尔：我只能想出一个答案：质子有很长的寿命。有一些相当明确的理论暗示质子的平均寿命为10^{33}年，即大约10亿亿亿亿年。

牛顿：那无法想象。这意味着永远观测不到质子衰变吗？

哈勒尔：不，那可不一定。我提到的数字只是质子的平均寿命。如果你想要观测质子衰变，即使质子寿命那么长，你所要做的不过是考虑足够大数量的质子。倘若我们仔细监测几千吨的水，我们一年之内应该能够探测到几十个质子衰变。实际上诸如此类的实验已经在世界各地做了——通常采用地下深处的竖矿井，在那里可以屏蔽掉宇宙辐射。

到目前为止，连一个质子衰变的事例都没有观测到，但是与此同时，有关研究已经为质子寿命设定了一个可观的下限：至少10^{31}年。换句话说，爱因斯坦你可以放心了，物质果真发生衰变的话——没有几个严肃的粒子物理学家怀疑它的确会衰变——衰变过程也会以如此低的速率进行，以至于没有任何理由惊慌失措。物质似乎衰变得非常非常慢。

爱因斯坦：尽管如此，如果你是对的，我们就能够轻易地预言我们的世界在某个遥远未来的命运：所有的物质都将转化为辐射。我那关于能量和质量等价性的方程将决定我们这个世界的终结。在那遥远的将来，我们的宇宙只会成为一个无数光子的海洋，没有星星，没有星系。没有任何东西显

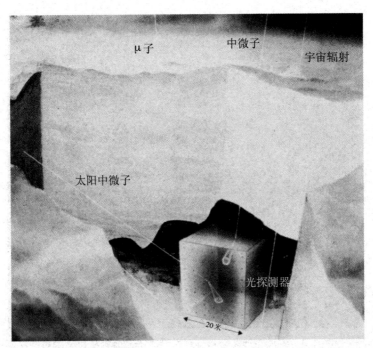

图21.3 用于寻找质子衰变和其他稀有过程的粒子探测器的图示。在俄亥俄州克利夫兰附近莫顿盐矿里面建有一个这样的探测器。大约10 000吨的水注满一个立方体容器,其中含有大约10^{33}个质子。这些质子中的每一个在数年的观测过程中都有微小的机会在某一时刻衰变。在衰变过程发生期间,预料随之产生的带电粒子会发出蓝光,称做切连科夫辐射[以俄罗斯物理学家切连科夫(P. A. Cerenkov)命名]。这一辐射将会在水箱边缘被光敏探测器记录下来。这类探测器虽然被安装在地下深处,它们也不能完全避免来自宇宙辐射的背景信号。中微子和某些高能μ子可以穿透仪器上方所有物质的防护层,而且可以在敏感区域产生反应。这些背景反应的一部分也许是由太阳中微子造成的。[承蒙GEO杂志/屈恩(Joerg Kühn)惠允。]

示先前宇宙的林林总总,也没有任何东西证明像我们这样的有能力认识支配宇宙的动力学的重要性质的物种曾经存在过。所剩余的一切就是空间、时间和能量。四周没有任何东西为我们作证……

牛顿:可是,先生们,即使这种事竟然会发生,那也只会发生在遥远的将来!

图21.4　安放在俄亥俄州克利夫兰附近莫顿盐矿里面的粒子探测器的内视图。容器注满了特别纯净的水。可以从这个水箱的外墙通过光电倍增管观测到粒子的相互作用,光电倍增管的效用与光电池类似。

　　1987年,这个探测器记录到起源于大麦哲伦星云的超新星爆炸所造成的强烈中微子脉冲。在日本,一个类似的实验装置,叫做神冈探测器,也记录了这一事件。

间断了一会儿,使过去几分钟的激动平息下来之后,牛顿又有话说了。

牛顿:几天前当我们开始这些讨论的时候,我们是从空间和时间入手的。紧接着,有了光速不变的问题,这个问题被爱因斯坦完美地解决了。然后我们逐步讨论下去,自然而然地一环套一环。我们现在到了讨论物质分解为辐射的地方——我们的宇宙最终灭亡之处。爱因斯坦,就是你的方程在作怪——它不仅为大爆炸中的物质产生充当助产士,而且为所有物质在将来某一天的灭绝推波助澜。

哈勒尔,我们第一次在剑桥相逢的时候,我们所考虑的只是简明扼要地

讨论一下相对论。如今我们已经马不停蹄地讨论了好几天,我们讨论得越多,我就越体会到新思想层出不穷。

在我的时代,当我在剑桥写《原理》一书时,我时常好奇自然科学会发展成什么样子。我曾想到的是一个封闭的知识体系,能够解释在我们周围所看到的一切。今天回想起来,我承认我当时沉湎于错觉中了。我根本不能想象自然科学——我毕竟是她的一个创始人——会以这种方式发展;我从未指望自然科学有一天会像今天的物理学那样变得妙趣横生。当我把我的最美好祝愿送给你和你的同事们时,我相信我也可以代表我的同事爱因斯坦来讲这些话。

我们沿着CERN的通道走下来,走向我的一个同事的办公室,他已经答应为我们的参观者演示几个实验装置。我打算悄悄溜出去打电话安排我们的离开事宜——一辆出租车把爱因斯坦载到火车站,在那儿他可以坐火车去伯尔尼;另一辆出租车把牛顿送到机场。所以我赶紧回到我的办公室……

结　　语

"……然后做什么了?"哈勒尔和我依旧坐在加利福尼亚的埃尔卡皮坦州立公园的海滩上,望着太平洋的海浪翻滚而来。哈勒尔已经停止了他的叙述。

"那么接下来发生了什么?"我问道。"你再次见到爱因斯坦和牛顿了吗? 我真正的意思是说你再次'会晤'他们了吗?"

"当然没有。我离开牛顿和爱因斯坦,回到我的办公室。我一进门就感觉到脸上明亮的阳光。阳光唤醒了我——仍旧在剑桥,仍旧躺在草坪上。太阳升到了天顶——我肯定睡了好几个小时,而且做了一个梦——其深沉的程度我以前从未体验过。在那天剩余的时间里,我老在想牛顿和爱因斯坦。当我在下午再次走过三一学院的四方院时,我甚至发觉自己在偷偷地留意长得看起来像牛顿的人。但是我运气不好。我的梦已经任其自然地发展下去了。"

引 文 出 处

1. 引自 Chaim Weizmann, *Einstein : The Human Side* (Princeton University Press, 1948), p. 62。

2. 引自 Emilio Segrè, *From Falling Bodies to Radio Waves* (New York: W. H. Freeman, 1984), pp. 49—50。

3. 引自 Isaac Newton, *Principia*, trans. Andrew Motte, rev. ed. (Berkeley and Los Angeles: University of California Press, 1934), pp. 546—547。

4. 引自 Newton, 出处同上, p. 6。

5. 本节最初是作为 Harald Fritzsch 的一篇文章发表的, 题目是 "Photonen machen die Erde hell", *PM* 12 (1984)。

6. 引自 Albert Einstein 的一篇论文, *Annalen der Physik* 18 (1905): 639。

7. 引自 Peter Goodchild, *J. Robert Oppenheimer : Shatterer of Worlds* (Boston: Houghton Mifflin Co., 1981), p. 164。

8. 引自 Goodchild, 出处同上, p. 162。

9. 引自 David Hawkins, *1947 Manhattan District History Project Y: The Los Alamos Project* (Los Alamos Scientific Laboratory, vol. 1), Peter Goodchild 在 *J. Robert Oppenheimer : Shatterer of Worlds* (Boston: Houghton Mifflin Co., 1981) 中引用, pp. 172—173。

推荐读物

1. 试图以一般读者可以理解的方式介绍狭义相对论的书籍精选。

H. Bondi. *Relativity and Common Sense*. New York，1964.

M. Born. *Einstein's Theory of Relativity*. New York，1962.

A. Einstein. *Relativity：The Special and the General Theory*，17th ed. New York，1961.

S. Hawking. *A Brief History of Time*. New York，1988.

G. Gamow. *One，Two，Three ... Infinity*. New York，1965.

M. Gardner. *The Relativity Explosion*. New York，1976.

S. Goldberg. *Understanding Relativity*. Oxford，1984.

E. Harrison. *Cosmology*. New York，1981.

S. Lilley. *Discovering Relativity for Yourself*. New York，1980.

2. 对爱因斯坦的工作的详尽的历史评价。

A. Pais. *Subtle is the Lord：The Science and Life of Albert Einstein*. New York，1984.

3. 适合一般读者的粒子物理学和宇宙学的介绍性作品。

H. Fritzsch. *Quarks：The Stuff of Matter*. New York，1989.

——. *The Creation of Matter：The Universe from Beginning to End*. New York，1988.

S. Glashow. *The Charm of Physics*. New York，1991.

L. Lederman. *The God Particle*. Boston，1993.

A. Pais. *Inward Bound：Of Matter and Forces in the Physical World*. New York，1986.

S. Weinberg. *The First Three Minutes：A Modern View of the Origin of the Universe*. New York，1976.

——. *Dreams of a Final Theory*. New York，1992.

术 语 表

acceleration 加速度　单位时间内运动物体速度的改变。

alpha particle 阿尔法粒子　氦原子的原子核,由两个质子和两个中子组成。阿尔法粒子是由各种放射性物质发射的(即阿尔法辐射)。简写为α粒子。

antimatter 反物质　由普通物质的反粒子构成的物质,其原子核含有反质子和反中子,而环绕原子核的壳层含有正电子。

antiparticle 反粒子　自然界中,每一种粒子都存在一种质量与之相同但电荷相反的反粒子。(电性为负的)电子的反粒子是(电性为正的)正电子,等等。一些中性粒子与它们的反粒子是相同的,比如,光子和中性π介子。

atom 原子　如我们所知,物质是由原子构成的。依次,这些原子是由电性为正的原子核和壳层组成的。原子核是由质子和中子组成的,一般称为核;壳层是由电性为负的电子组成的。原子大小由壳层决定;相比之下,位于中心的原子核要小得多,直径大约是原子的万分之一。可是,原子核几乎包含了原子的所有质量。

beta decay 贝塔衰变　一个自由的或是束缚在核内的中子变成一个质子、一个电子*和一个反中微子的衰变或蜕变。它是由所谓的弱相互作用引

---

　　* 英文原版中此处将"电子"误印为"中微子"。——译者

起的。简写为β衰变。

CERN Conseil Européen pour la Recherche Nucléaire 的词头缩写。是由12个欧洲国家于1954年建立的,作为共同进行基本粒子物理学研究的实验室,它是当今世界上最大的国际研究实验室。

cosmic radiation 宇宙辐射 源自遥远宇宙的粒子与其他地球上层大气中的粒子碰撞会产生一些粒子,宇宙辐射是用于描述这些粒子的辐射的一个术语。宇宙辐射主要由质子、中子、轻核和π介子构成。π介子的寿命很短,在它们飞向地球的过程中衰变成光子或μ子和中微子。

decay 衰变 在核与亚核尺度上,许多粒子都是不稳定的。它们最终蜕变为几种更轻的粒子,后者或许稳定或许不稳定。这种蜕变过程一般称为衰变。

DESY 德国汉堡 Deutsches Elektronen Synchrotron Laboratory 的词头缩写。它是德国粒子物理学研究的中心。它最新的标志性加速器是 HERA 储存环,环中既有电子又有质子,它们分别在方向相反的轨道上运动,并将被引导到预定的交叉点发生碰撞。HERA 于1992年开始运行。

deuteron 氘核 包含一个质子和一个中子的粒子,是"重氢"即氘的原子核。

electrodynamics 电动力学 处理自然界中的电磁力和电磁现象的科学学科。

electromagnetic force 电磁力 带电物体或粒子间相互作用的力的通称。一个特殊的情况是电性相同或相反的物体之间所观察到的排斥或吸引。电磁力的中间媒介是电磁场。

electron 电子 带有一个电荷的最轻的基本粒子。电子形成围绕原子核的带电壳层或电子云。它们的电荷被定义为单位电荷,它与质子的电荷数量相等但符号相反。

elementary particle 基本粒子 除了原子的组分之外,现在已知的基本粒子有几百种。可是它们中的大多数并不是真正的基本粒子,而是由更小的被称为夸克的组分构成的。到目前为止,所观察到的所有粒子都可以还原到6种夸克和6种轻子(后者与电子有关)。普通物质只包含2种夸克(由u和d表示)和电子。

energy 能量 定义为做功的能力的量。它能够以各种形式出现,其中的一种就是运动的能量,即动能。根据相对论,能量和质量可以相互转化。能量用单位焦耳(J)或者瓦特·秒(Ws)来度量。有时也使用旧单位尔格(10^7尔格 = 1瓦·秒)。在日常生活中,千瓦·时(kWh)是适当的。在原子或核物理学中,普遍使用一种被称为电子伏(eV)的单位。它被定义为一个电子通过电势差等于1伏的电场时所获得的能量。

ether 以太 是一种假设的介质,为了使诸如引力和电磁力这样的长程力可以约化为短程相互作用,已经以各种方式假定了它的存在。充满宇宙的静止以太的概念类似于牛顿的绝对空间和绝对时间的思想,这二者都与观察者的参考系无关。以太也用于描述电磁场和波的传播。现代物理学否认以太的观点,而是将所观察到的力看作引力场和电磁场的一种表现形式。

galaxy 星系 大范围的恒星群,可以包含多至10^{12}颗恒星,由引力束缚在一起。已经观察到了椭圆形、螺旋形、柱形或其他(不规则)形状的星系。

gravitation 引力 已知的自然界中最弱的力。它起源于物体的质量。所有的质量都相互吸引,吸引的强度取决于物体的质量和它们间的相对距离。

half-life 半衰期 在该时间之内,一种放射性物质的半数将会衰变。铀238的半衰期大约为45亿年;氚是12.3年;锶89只有50.5天。元素铯137的半衰期为30年。在粒子物理学中,粒子衰变通常用寿命τ或平均寿命来描述。半衰期$t_{1/2} = 0.693\,\tau$。

inertial system 惯性系 一种物理参考系,自由物体在其间的运动由一条直线来描述。

lifetime 寿命 参见半衰期。

light year 光年 在天文学中使用的一种长度单位;它相当于9.46×10^{12}

千米,是光在一年中所走过的距离。

mass 质量　物理学中的一种基本量,是阻止物体的运动状态发生任何改变的惯性得以产生的原因,也是该物体在其他物体的引力场中产生重力的原因。根据相对论,物体的质量取决于它的运动状态。质量与能量的等价性是爱因斯坦首先认识到的。

momentum 动量　表示一个物体或实体运动的量的术语,是质量与速度的乘积。

muon μ子　是与电子有关的一种基本粒子,但其质量大约是电子的200倍。μ子不稳定,很短的时间后就衰变成一个电子、一个中微子和一个反中微子。

neutrino 中微子　电子的中性伙伴;至今我们知道存在3类中微子,即电中微子、μ中微子和τ中微子。它们的符号为ν_e、ν_μ和ν_τ。

neutron 中子　电中性的粒子,与质子同为原子核的基本构件。一个非束缚的中子是不稳定的,它会衰变成一个质子、一个电子和一个反中微子。

nuclear fission 核裂变　一个重原子核分裂为两个或者多个轻的原子核。核裂变可以像辐射衰变一样自发产生,也可以由诸如中子这样的粒子轰击而引发。重原子核的裂变可以释放能量。

nuclear force 核力　是将核子束缚在原子核内的力。它是由于夸克间强烈的相互作用引起的。虽然它是自然界中出现的最强的力,它的作用距离却短得没法在宏观尺度的实验中直接观察到。

nuclear fusion 核聚变　在聚变过程中,通常是两个小尺度的原子核结合在一起形成一个更重的原子核。在这个过程中,大量的能量被释放出来,由于质量和能量等价,总质量的一部分转化为能量。该过程为恒星的能量产生提供燃料。

nuclear interaction 核相互作用　存在两种类型的核相互作用力。强核力是造成原子核束缚的原因。强度极低的弱核力使得较长寿命的核或基本粒子蜕变或衰变。后者寿命的范围可以从1秒的几分之一到许多年。

nucleon 核子 原子核的组分,即质子和中子。

particle accelerator 粒子加速器 把带电粒子——主要是电子或质子——加速到很高能量的机器。这个过程要利用电磁场。回旋加速器在环形真空管中加速粒子,直线加速器在笔直的真空管中加速粒子。到目前为止,最大的回旋加速器是 CERN 的 LEP,其周长为 23 千米。它从 1989 年开始运行。

photon 光子 光的量子或"粒子",简写为 γ。它不具有静止质量,因此总是以光速运动。

pion π介子 π介子是一种不稳定的基本粒子。它参与核的强相互作用。它有 3 种电荷状态,即 π^+、π^-、π^0。π介子是目前已知的由一个夸克和一个反夸克构成的最轻的粒子。

plasma 等离子体 一旦物质被加热到很高的温度,原子的结构就会由于原子间的频繁碰撞而被破坏。所得到的由自由的核和电子形成的混合物就叫做等离子体。这就是诸如太阳这样的恒星内部的物质状态。

proton 质子 带正电荷的基本粒子,也就是氢原子的原子核。所有其他原子核都是由质子加上中子构成的。

quark 夸克 核子(即质子和中子)的基本组分。存在 6 种不同类型的夸克,这已经被直接或间接地确定了。它们的符号是 u、d、c、s、b 和 t。包含 u、d、c、s 和 b 夸克的粒子实际上已经被观察到了,而包含 t 夸克的粒子还尚未得到证实。* 由于束缚夸克的力随着它们之间距离的增加而逐渐增大,所以人们认为不可能发现作为单个粒子而存在的夸克。

radioactivity 放射性 自发放射其他粒子的原子核被认为是具有放射性的。由所放射的粒子的种类确定了放射性的 3 种类型:阿尔法(α)辐射表示放射氦原子核;贝塔(β)辐射由电子组成;而伽马(γ)辐射由光子组成。由于放射性能伤害生物体内的活性分子,例如基因的成分,所以放射性是危险的。

---

* 美国费米实验室在 1998 年前后获得了 t 夸克存在的直接实验证据。——译者

space-time 时空　用于空间和时间的统一概念的名称,是相对论的重要组成部分。在时空中,坐标系有4个维度——3维空间的和1维时间的。

speed 速率　参见速度。

storage ring 储存环　一种环形的能储存已经被加速到很高速度的回旋运动的基本粒子的机器。

supernova 超新星　一种正在爆炸的恒星,它能将自身的大量物质喷射到星际空间中。这种爆炸释放出的能量与太阳在几十亿年中所辐射出的能量一样多。在银河系中观测到的上一颗超新星是由开普勒(Johannes Kepler)在1604年描绘的。1987年,在大麦哲伦星云观测到一颗超新星,大麦哲伦星云是银河系附近的小星系之一。

velocity 速度　表征物体运动的快慢和方向的量,通常以厘米/秒(cm/s)、米/秒(m/s)或千米/秒(km/s)为单位测量。虽然我们在本书中交替使用了速度和速率这两个术语,但是速度的严格物理定义中是包含运动方向的,而速率则不包含。

weak nuclear force 弱核力　作用于诸如电子、中微子和夸克这样的基本粒子之间的一种很弱的力。它是产生β放射性的原因。这种力以其他的基本粒子——"弱玻色子"——为介质,后者的重量大约是质子的100倍。由于这个原因,弱核力只能在很短的距离起作用。

world line 世界线　在时空中,一个运动的物体定义一条线,即物体所经过的事件序列。一条这样的线就被称为世界线,它包含了关于物体在过去、现在和将来的运动状态的所有信息。

图书在版编目(CIP)数据

改变世界的方程：牛顿、爱因斯坦和相对论 /(德)弗里奇
(Fritzsch, H.)著;邢志忠,江向东,黄艳华译.—上海：上海科技教
育出版社,2016.6(2023.8 重印)
（爱因斯坦书系）
书名原文：An Equation that Changed the World：Newton, Einstein,
and the Theory of Relativity
ISBN 978-7-5428-6143-6

Ⅰ.①改… Ⅱ.①弗… ②邢… ③江… ④黄… Ⅲ.①相
对论—研究 Ⅳ.①O412.1

中国版本图书馆 CIP 数据核字(2016)第 058910 号

责任编辑 潘　涛　郑华秀
装帧设计 杨　静

爱因斯坦书系
改变世界的方程——牛顿、爱因斯坦和相对论
[德] 哈拉尔德·弗里奇　著
邢志忠　江向东　黄艳华　译

出版发行　上海科技教育出版社有限公司
　　　　　　（上海市闵行区号景路 159 弄 A 座 8 楼　邮政编码 201101）
网　　址　www.sste.com　www.ewen.co
印　　刷　天津旭丰源印刷有限公司
开　　本　720×1000　1/16
印　　张　16.25
版　　次　2016 年 6 月第 1 版
印　　次　2023 年 8 月第 2 次印刷
书　　号　ISBN 978-7-5428-6143-6/N·971
图　　字　09-2016-285 号
定　　价　49.80 元